Modellbildung und Simulation dynamischer Systeme

Eine Sammlung von Simulink®-Beispielen

von
Prof. Helmut Scherf

4., verbesserte und erweiterte Auflage

Oldenbourg Verlag München

Prof. Helmut Scherf arbeitete nach dem Studium des Maschinenbaus an der Universität Karlsruhe (TH) sieben Jahre in der Industrie auf dem Gebiet der Regelungstechnik. Seit 1996 hat er die Professur für Mechatronische Systeme und Regelungstechnik an der Fakultät für Maschinenbau und Mechatronik der Hochschule Karlsruhe inne. Dort ist er zuständig für MATLAB- und Regelungstechnikvorlesungen mit Labor in den Studiengängen Mechatronik und Fahrzeugtechnologie.

MATLAB and Simulink are registered trademarks of The MathWorks, Inc. See www.mathworks.com/trademarks for a list of additional trademarks. The MathWorks Publisher Logo identifies books that contain MATLAB and Simulink content. Used with permission. The MathWorks does not warrant the accuracy of the text or exercises in this book. This book's use or discussion of MATLAB and Simulink software or related products does not constitute endorsement or sponsorship by The MathWorks of a particular use of the MATLAB and Simulink software or related products.

For MATLAB® and Simulink® product information, or information on other related products, please contact:
The MathWorks, Inc.
3 Apple Hill Drive
Natick, MA, 01760-2098 USA
Tel: 508-647-7000
Fax: 508-647-7001
E-mail: info@mathworks.com
Web: www.mathworks.com

Bibliografische Information der Deutschen Nationalbibliothek

Die Deutsche Nationalbibliothek verzeichnet diese Publikation in der Deutschen Nationalbibliografie; detaillierte bibliografische Daten sind im Internet über <http://dnb.d-nb.de> abrufbar.

© 2010 Oldenbourg Wissenschaftsverlag GmbH
Rosenheimer Straße 145, D-81671 München
Telefon: (089) 45051-0
oldenbourg.de

Lektorat: Anton Schmid
Herstellung: Anna Grosser
Coverentwurf: Kochan & Partner, München
Gedruckt auf säure- und chlorfreiem Papier
Gesamtherstellung: Grafik + Druck, München

ISBN 978-3-486-59655-7

Vorwort zur ersten Auflage

Die Simulation ist heutzutage ein fester Bestandteil des Entwicklungsprozesses mechatronischer Systeme. Bevor ein System jedoch simuliert werden kann, muss es in eine Differenzialgleichung oder in ein Differenzialgleichungssystem abgebildet werden. Dieser Abbildungsprozess verlangt gute Kenntnisse der physikalischen Vorgänge und nicht zuletzt eine gewisse Erfahrung, die einem sagt, wo man Vernachlässigungen oder Vereinfachungen machen kann, ohne zu große Modellierungsfehler zu begehen. Liegen die Differenzialgleichungen vor, dann stellt deren Lösung mit Programmen wie MATLAB® oder Simulink®, in aller Regel kein Problem mehr dar. Simulink ist eine Toolbox von MATLAB und arbeitet blockschaltbildorientiert, wodurch sich die Programmierung stark vereinfacht und besonders übersichtlich gestaltet werden kann. Ein weiteres gewichtiges Argument für die Verwendung von MATLAB ist die Tatsache, dass sich MATLAB mittlerweile als Quasistandard in der Industrie und an den Hochschulen etabliert hat.

Die üblichen Bücher über Simulation beschreiben in aller Regel die numerischen Lösungsverfahren und wie diese programmiert werden. Das vorliegende Buch zeigt dagegen anhand von konkreten, praktischen Beispielen, wie man für ein dynamisches System die Differenzialgleichungen aufstellt und diese mit Simulink löst. Die Beispiele sind aus den Gebieten der Mechanik, der Hydromechanik, der Thermodynamik und der Elektrotechnik. Ausgehend von der Problembeschreibung werden die einzelnen Beispiele von A bis Z behandelt, so wie sie auch in der beruflichen Praxis vorkommen.

Das vorliegende Buch richtet sich an Studierende der Ingenieurwissenschaften, die bereits mit Grundlagen der technischen Mechanik, der Thermodynamik, der Strömungslehre und der Elektrotechnik vertraut sind. Ferner sollten Kenntnisse über gewöhnliche Differenzialgleichungen vorhanden sein.

Am Schluss möchte ich noch ganz herzlich meinen Kollegen Robert Kessler, Ottmar Beucher und Josef Hoffmann danken, die mich bei der Erstellung des Buches unterstützt haben. Ferner geht mein Dank an Herrn Oliver Stumpf, der mir beim Umgang mit den Textverarbeitungsprogrammen stets wertvolle Tipps geben konnte, und an Frau Annemarie Traudel Trippe für das Korrekturlesen.

Danke auch an die Lektorin Frau Sabine Krüger und Herrn Dr. Rolf Jäger vom Oldenbourg-Verlag, die mir das Buchprojekt ermöglichten und es begleitet haben.

Karlsruhe   Helmut E. Scherf

Vorwort zur vierten Auflage

Durch die Rückmeldungen aufmerksamer Leser konnten in der vierten Auflage des Buches einige Fehler beseitigt werden. Vielen Dank hierfür. Des Weiteren wurde das Buch um zwei Unterkapitel ergänzt: die Modellbildung einer Wirbelstrombremse und die Drehzahlregelung der Bremse mit experimenteller Ermittlung der Reglerparameter. Besonderer Dank gilt Herrn Alfred Forstner, der die Experimente mechanisch und elektrisch mit großer Sorgfalt aufgebaut hat. Danke auch an Dipl.-Ing. (FH) Oliver Stumpf, der mich immer bei den Messungen unterstützt hat.

Besten Dank auch an den Oldenbourg-Verlag für die stets angenehme Zusammenarbeit.

Karlsruhe, im Oktober   Helmut E. Scherf

Inhaltsverzeichnis

1 Einleitung

1.1 Modellbildung und Simulation

Heutzutage werden viele technische Produkte am Rechner entwickelt. Ein wesentlicher Bestandteil dieses Entwicklungsprozesses ist die Simulation. Man findet die Simulation allerdings nicht nur im technischen Bereich. Auch in der Ökonomie gibt es Simulationen, beispielsweise wie sich Steuersenkungen auf die wirtschaftliche Entwicklung einer Volkswirtschaft auswirken. Oder man denke an die Klimasimulation zur Untersuchung des Einflusses der CO_2-Emission auf das globale Klima.

In der VDI-Richtlinie 3633 ist die Simulation wie folgt definiert:

„Simulation ist das Nachbilden eines Systems mit seinen dynamischen Prozessen in einem experimentierfähigen Modell, um zu Erkenntnissen zu gelangen, die auf die Wirklichkeit übertragbar sind."

Mit Hilfe der Simulation kann sehr schnell ein Funktionsnachweis erbracht werden. Sie ist meist schneller als ein Experiment und kann daher ein Projekt zeitlich verkürzen und die Kosten reduzieren. Durch Rechneranimation entsteht eine gewisse Anschaulichkeit. Und die Simulation ist völlig ungefährlich.

Bevor aber ein technischer Prozess simuliert werden kann, bedarf es einer Modellbildung. D. h., das reale System wird in ein Simulationsmodell überführt. Die Modellbildung kann sowohl theoretisch als auch experimentell durchgeführt werden.

Für die theoretische Modellbildung benutzt man bekannte physikalische Gesetzmäßigkeiten aus den Teilgebieten der Physik:

- die Erhaltungssätze für Energie und Impuls,

- den Maschensatz und die Knotenregel,

- das Prinzip von d'Alembert,

- die Lagrangesche Gleichungen 2. Art etc.

Das Ergebnis der Modellbildung sind dann Differenzialgleichungen, Kennlinien oder Kennfelder, die das System genügend genau beschreiben.

Um den Aufwand der Modellbildung in Grenzen zu halten, macht man Vereinfachungen und trifft sinnvolle Annahmen. Dies sind beispielsweise:

- System mit konzentrierten Parametern (z. B. Massenpunkte) statt System mit verteilten Parametern (z. B. verteilte Massen); man erhält gewöhnliche statt partielle Differenzialgleichungen

- starre Körper statt elastische Körper

- masselose Federn statt massebehaftete Federn etc.

Um den Modellierungsaufwand in Grenzen zu halten, sollte das Modell nur so genau wie nötig sein.

Liegt das Modell nun in Form von Differenzialgleichungen und Kennlinien vor, so benötigt man noch die Systemparameter. Die Bestimmung dieser Parameter ist Gegenstand der Systemidentifikation. Anschließend muss das Modell überprüft werden, ob es auch hinreichend genau mit der Realität übereinstimmt. Ist dies nicht der Fall, bedarf es einer Nachbesserung. D. h., das Modell muss nochmals überprüft werden, ob ggf. die Vernachlässigungen zu umfangreich waren oder ob die Systemparameter angepasst werden müssen. Dies nennt man Modellvalidierung.

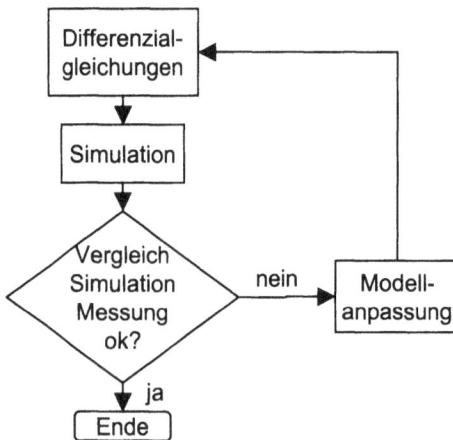

Abb. 1.1: *Modellvalidierung*

1.2 Zum Gebrauch des Buches

In den folgenden Kapiteln werden verschiedene Beipiele aus den unterschiedlichsten Disziplinen behandelt. Ausgehend von der Beschreibung des zu simulierenden Problems wird gezeigt, wie man die Differenzialgleichungen aufstellt. Anschließend wird die Differenzialgleichung in ein Blockschaltbild umgesetzt und gelöst. Zu jedem Beispiel gibt es eine Simulink-Datei. Die Parameter sind der Einfachheit halber in der Simulink-Datei mitgespeichert. Um die Simulation zu starten, ist es erforderlich, dass die Parameter zuvor in das MATLAB-Workspace kopiert werden. Anschließend kann die Simulation gestartet werden. In den meisten Fällen wird das voreingestellte Integrationsverfahren benutzt. In einigen Fällen muss jedoch ein anderes Verfahren angewendet werden. Alle Simulink-Dateien stehen auf dem Oldenbourg-Server (www.oldenbourg-wissenschaftsverlag.de) zur Verfügung und können dort auf der Webseite dieses Buches unter dem Reiter „Zusatzmaterial" heruntergeladen werden.

2 Lösen von Dgl mit Simulink

Wenn man dynamische Vorgänge untersuchen will, steht man stets vor der Aufgabe, die aufgestellten Differenzialgleichungen zu lösen. Eine analytische Lösung scheidet in fast allen Fällen aus. Hier wird ein Weg aufgezeigt, wie man auf elegante Weise das Lösungsverhalten von gewöhnlichen Differenzialgleichungen numerisch berechnen kann, ohne vorher ein Programm im herkömmlichen Sinne, etwa in der Programmiersprache C, schreiben zu müssen. Auch Nichtlinearitäten, wie sie ja meistens in der Praxis vorkommen, stellen kein Problem dar.

2.1 Beispiel 1

Die Vorgehensweise zur Lösung wird an einer gewöhnlichen, homogenen Differenzialgleichung zweiter Ordnung demonstriert

$$\ddot{x}(t) + \omega_0^2 \cdot x(t) = 0 \qquad (2.1)$$

mit den Anfangsbedingungen

$$\dot{x}(t=0) = 0, x(t=0) = 1 \qquad (2.2)$$

Die Differenzialgleichung (2.1) beschreibt eine ungedämpfte, freie Schwingung eines Pendels mit der normierten Eigenkreisfrequenz $\omega_0 = 1$. Zur Zeit $t = 0$ ist das Federpendel in Ruhe und auf $x = 1$ ausgelenkt. Zur blockschaltbildorientierten Lösung geht man nun wie folgt vor:

Schritt 1: Auflösung der Differenzialgleichung nach der höchsten Ableitung

$$\ddot{x}(t) = -\omega_0^2 \cdot x(t) \qquad (2.3)$$

Schritt 2: Zweifache Integration der Beschleunigung $\ddot{x}$ mit Hilfe der Blöcke *Integrator* und *Integrator1* (s. Abb. 2.1).

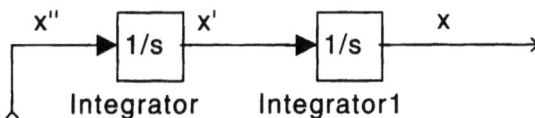

Abb. 2.1: Blockschaltbild zu Schritt 1

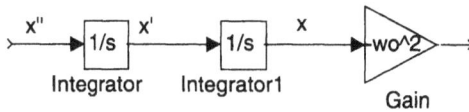

Abb. 2.2: *Blockschaltbild zu Schritt 2*

Schritt 3: Aufbau der rechten Seite von (2.3) mit Hilfe von Integrieren, Additionsstellen etc. Im vorliegenden Falle wird der Ausgang des zweiten Integrierers x im Block *Gain* mit $-\omega_0^2$ multipliziert (s. Abb. 2.2).

Schritt 4: Rückkoppeln. Da der Ausgang des Blockes *Gain* gem. Gleichung (2.3) die Beschleunigung $\ddot{x}$ ist, wird der Ausgang mit dem Integrierereingang des ersten Integrierers verbunden (s. Abb. 2.3).

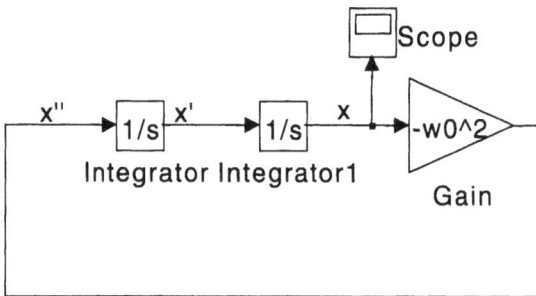

Abb. 2.3: *Blockschaltbild zu Schritt 3 (Dglloesen1.mdl)*

Schritt 5: Setzen der Anfangsbedingungen bei den Integrierern. Aus dem letzten Integrierer erhält man den Weg x, also wird dieser Integrierer durch Doppelklicken und Eintrag des Wertes 1 in das Feld *Initial condition* mit der Anfangsbedingung initialisiert. Der erste Integrierer liefert die Geschwindigkeit. Dieser Block wird mit der Anfangsbedingung 0 initialisiert.

Schritt 6: Wahl der Simulationsparameter. Da Simulink numerisch arbeitet, muss ein Integrationsverfahren zur Lösung der Differenzialgleichung gewählt werden. Voreingestellt ist das Dormand-Prince-Verfahren mit variabler Schrittweite, das in den meisten Fällen gute Ergebnisse liefert.

Das Ergebnis der Simulation zeigt Abb. 2.4. Zur Zeit $t = 0$ beginnt das System mit den richtigen Anfangsbedingungen und schwingt dann ungedämpft.

2.2   Beispiel 2

Das Verfahren funktioniert auch bei nichtlinearen Differenzialgleichungen. Hat man beispielsweise die inhomogene Differenzialgleichung

$$\ddot{x} + d \cdot sgn\,(\dot{x}) \cdot \dot{x}^2 + \omega_0^2 \cdot x = \sin(\omega \cdot t) \tag{2.4}$$

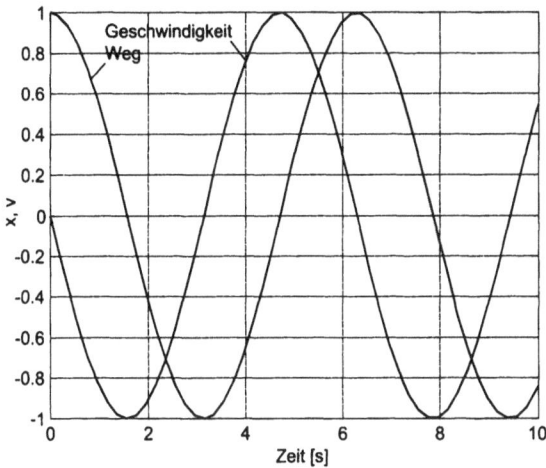

Abb. 2.4: *Weg und Geschwindigkeit als Funktionen der Zeit*

mit einer zum Quadrat der Geschwindigkeit proportionalen Dämpfung und verschwindenden Anfangsbedingungen, so lässt sie sich einfach mit der o. a. Methode lösen.

Anmerkung: Die Signum-Funktion ist hier erforderlich, weil die Dämpfungskraft der Bewegung stets entgegen wirkt!

Eine Auflösung nach der höchsten Ableitung ergibt folgende Gleichung:

$$\ddot{x} = \sin(\omega \cdot t) - d \cdot sgn\,(\dot{x}) \cdot \dot{x}^2 - \omega_0^2 \cdot x \tag{2.5}$$

Der Aufbau der rechten Seite führt dann auf das Simulink-Blockschaltbild Abb. 2.5 mit den Zahlenwerten $\omega_0^2 = 5$, $\omega = 1$, $d = 0,4$. Die sinusförmige Anregung wird mit dem Block *Sine Wave* realisiert. Der zweite Term in Gleichung (2.5) wird mit Hilfe des Blockes *Product* gebildet, dessen Anzahl der Eingänge auf drei gesetzt wird. Die Signum-Funktion liefert der Block *Sign*. Alle drei Terme von (2.5) werden schließlich durch die Summationsstelle vorzeichenrichtig zusammengefasst und auf den ersten Integrierer zurückgekoppelt. Beide Anfangsbedingungen sind null und bereits bei den Integrierern voreingestellt. Zur Darstellung der Signale werden die sinusförmige Systemanregung und der Systemausgang x zusammengefasst und dem Block *Scope* zugeführt. Für die Integration wird das voreingestellte Dormand-Prince-Verfahren mit variabler Schrittweite verwendet. Damit das Sinussignal nicht eckig aussieht, wird die maximale Schrittweite auf 0,01 begrenzt.

Abb. 2.6 zeigt das Lösungsverhalten für eine sinusförmige Anregung.

Bereits im Einschwingvorgang erkennt man am Verlauf von $x(t)$ den nichtlinearen Charakter des Schwingungsvorganges.

Auf die gleiche Art und Weise lassen sich Differenzialgleichungssysteme lösen.

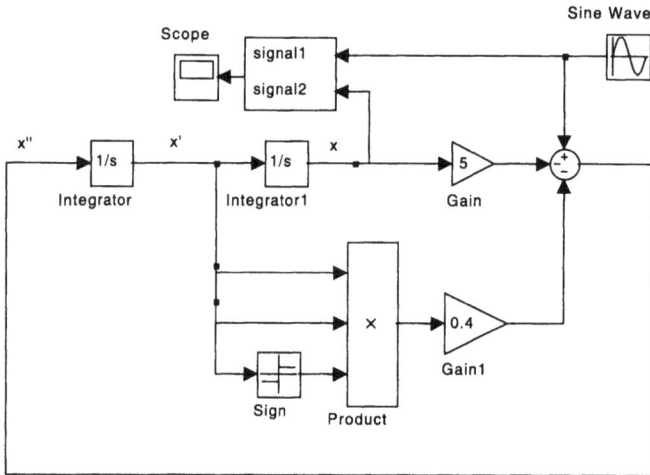

Abb. 2.5: Blockschaltbild (DGLloesen2.mdl)

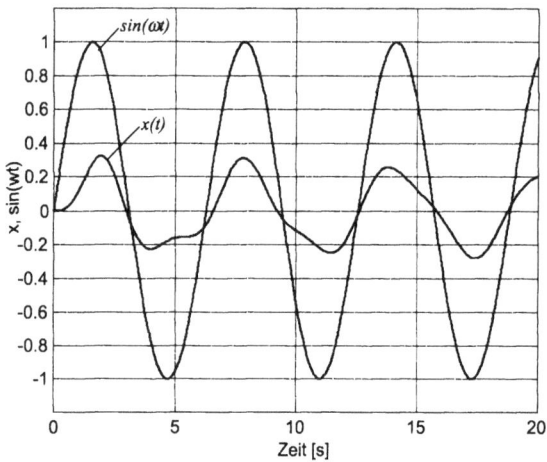

Abb. 2.6: Anregung und Weg als Funktionen der Zeit

3 Mechanische Systeme

3.1 Fallschirmspringer

Abb. 3.1 zeigt einen Fallschirmspringer, der aus einer bestimmten Höhe h_0 abspringt.

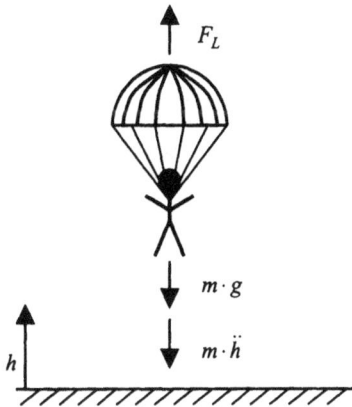

Abb. 3.1: *Fallschirmspringer*

Nach dem Absprung fällt er mit zunehmender Geschwindigkeit in Richtung Erde. Die Geschwindigkeit nimmt betragsmäßig so lange zu, bis die Gewichtskraft mit der Luftwiderstandskraft im Gleichgewicht steht. In der Höhe h_1 zieht er die Reißleine und der Fallschirm öffnet sich, wodurch sich der Luftwiderstand beträchtlich vergrößert. Es tritt die gewünschte Abbremsung des Fallschirmspringers ein.

Zahlenwerte:

h_0	$= 3000$ m	Absprunghöhe
h_1	$= 1500$ m	Öffnen des Fallschirms
A_S	$= 0{,}5$ m^2	Fläche des Fallschirmspringers
A_{FS}	$= 30$ m^2	Fläche des Fallschirms
m	$= 85$ kg	Masse des Fallschirmspringers
c_w	$= 1{,}3$	Luftwiderstandsbeiwert (für Springer und Schirm gleich angenommen)
ρ	$= 1{,}2$ kg/m^3	Luftdichte (konstant angenommen)
g	$= 9{,}81$ m/s^2	Erdbeschleunigung

3.1.1 Aufstellen der Bewegungsgleichung

Zum Aufstellen der Bewegungsgleichung werden die Masse freigeschnitten und die Kräfte eingetragen (s. Abb. 3.1). Die Gewichtskraft wirkt nach unten, der Luftwiderstand F_L nach oben. Die d'Alembertsche Trägheitskraft $m \cdot \ddot{h}$ wird entgegen der positiven Richtung eingetragen. Die Koordinate zur Beschreibung der Bewegung ist die Höhe h. Das Kräftegleichgewicht liefert

$$m \cdot \ddot{h} = F_L - m \cdot g \qquad (3.1)$$

mit der Luftwiderstandskraft

$$F_L = c_W \cdot A \cdot \frac{\rho}{2} \cdot v^2 \qquad (3.2)$$

die quadratisch von der Fallgeschwindigkeit $v = \dot{h}$ abhängt.

3.1.2 Analytische Lösung der Bewegungsgleichung

Um die Einfachheit der Simulation mit Simulink zu demonstrieren, wird gezeigt, wie die Differenzialgleichung (3.1) analytisch gelöst werden kann. Zunächst soll aber die stationäre Fallgeschwindigkeit des Springers bei geschlossenem Schirm berechnet werden. Stationär heißt, dass die Geschwindigkeit konstant sein soll, was bedeutet, dass die Beschleunigung null sein muss ($\ddot{h} = 0$).

$$m \cdot g = c_W \cdot A \cdot \frac{\rho}{2} \cdot v^2 \qquad (3.3)$$

Gleichung (3.3) lässt sich nun nach v auflösen und man erhält folgende Gleichung:

$$v = \dot{h} = -\sqrt{\frac{2 \cdot m \cdot g}{c_W \cdot A \cdot \rho}} = -46{,}2\frac{\mathrm{m}}{\mathrm{s}} = -166{,}5\frac{\mathrm{km}}{\mathrm{h}} \qquad (3.4)$$

Das Vorzeichen in (3.4) ist negativ, weil die Höhe h abnimmt!

Die Bewegungsgleichung (3.1) kann mit $\ddot{h} = \frac{dv}{dt}$ wie folgt geschrieben werden

$$\frac{dv}{dt} + g - a \cdot v^2 = 0 \qquad (3.5)$$

mit der Abkürzung

$$a = \frac{c_W \cdot A \cdot \rho}{2m} \qquad (3.6)$$

Einfache Umformung:

$$\frac{1}{g - a \cdot v^2} \cdot \frac{dv}{dt} = -1 \qquad (3.7)$$

Variablen separieren:

$$\frac{dv}{g - a \cdot v^2} = -dt \tag{3.8}$$

Integrieren:

$$\int_0^v \frac{dv}{g - a \cdot v^2} = -\int_0^t dt \tag{3.9}$$

Das Integral (3.9) ist vom Typ

$$\int \frac{1}{ax^2 + bx + c} dx \tag{3.10}$$

und hat die Lösung [4]

$$\frac{1}{\sqrt{-\Delta}} \ln \frac{2ax + b - \sqrt{-\Delta}}{2ax + b + \sqrt{-\Delta}}, \text{für} \Delta < 0 \tag{3.11}$$

mit der Abkürzung

$$\Delta = 4ac - b^2 \tag{3.12}$$

Bei der Anwendung der Gleichung (3.11) muss der Hinweis $\ln f(x) \to \ln |f(x)|$ beachtet werden.

Weitere Umformungen führen auf

$$t = \frac{1}{2\sqrt{ag}} \cdot \left[\ln \frac{2av - 2\sqrt{ag}}{2av + 2\sqrt{ag}} \right]_0^v \tag{3.13}$$

$$= \frac{1}{2\sqrt{ag}} \cdot \left[\ln \frac{2av - 2\sqrt{ag}}{2av + 2\sqrt{ag}} - \underbrace{\ln(-1)}_{=0 \, s. \, Hinweis} \right]$$

$$= \frac{1}{2\sqrt{ag}} \cdot \ln \frac{2av - 2\sqrt{ag}}{2av + 2\sqrt{ag}}$$

Weitere Umformungen:

$$\ln \frac{2av - 2 \cdot \sqrt{ag}}{2av + 2 \cdot \sqrt{ag}} = 2 \cdot \sqrt{ag} \cdot t \tag{3.14}$$

$$-\frac{2av - 2 \cdot \sqrt{ag}}{2av + 2 \cdot \sqrt{ag}} = e^{2 \cdot \sqrt{ag} \cdot t}$$

$$-2av + 2 \cdot \sqrt{ag} = (2av + 2 \cdot \sqrt{ag}) \cdot e^{2 \cdot \sqrt{ag} \cdot t}$$

$$2av \left(-1 - e^{2 \cdot \sqrt{ag} \cdot t} \right) = 2av \left(-1 + e^{2 \cdot \sqrt{ag} \cdot t} \right)$$

Auflösen nach v:

$$v\left(t\right) = \frac{\sqrt{ag} \cdot \left(-1 + e^{2\sqrt{ag}\cdot t}\right)}{a \cdot \left(-1 - e^{2\sqrt{ag}\cdot t}\right)} \tag{3.15}$$

Gleichung (3.15) beschreibt den Geschwindigkeitsverlauf des Fallschirmspringers vom Absprung bis zur Zeit t und kann nun überprüft werden. Für $t = 0$ wird der Zähler null. Und für $t \to \infty$ ergibt sich die gleiche Lösung wie (3.4).

$$v\left(t \to \infty\right) = \sqrt{\frac{g}{a}} \cdot \left(\frac{-\dfrac{1}{e^{2\sqrt{ag}\cdot t}} + 1}{-\dfrac{1}{e^{2\sqrt{ag}\cdot t}} - 1}\right) \tag{3.16}$$

$$= -\sqrt{\frac{g}{a}} = -\sqrt{\frac{2 \cdot m \cdot g}{c_W \cdot A \cdot \rho}}$$

3.1.3   Simulation des Fallschirmsprungs

Für den Aufbau des Blockschaltbildes wird die Differenzialgleichung (3.1) nach $\ddot{h}$ aufgelöst.

$$\ddot{h} = \frac{c_W \cdot A_S \cdot \rho \cdot v^2}{2 \cdot m} - g \tag{3.17}$$

Mit Hilfe des Funktionsblockes *Fcn* wird die rechte Seite von Gleichung (3.17) aufgebaut und auf den ersten Integrierer *Integrator1* zurückgekoppelt. Dieser Integrierer wird mit der Anfangsbedingung $v_0 = 0$ initialisiert.

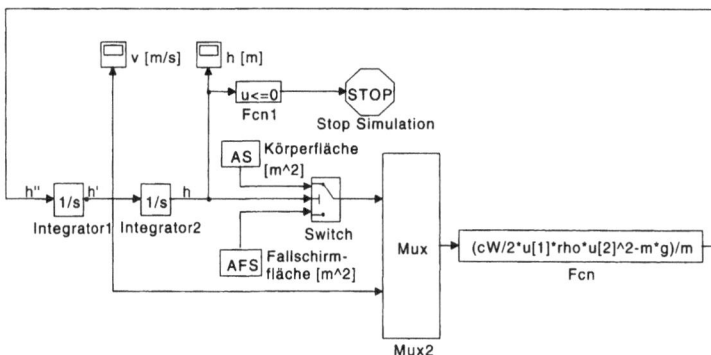

Abb. 3.2: Blockschaltbild (fallschirm.mdl)

Der Block *Integrator2*, mit dem Ausgang h, wird mit der Anfangsbedingung $h_0 = 3000$ initialisiert. Ein Schalter *Switch*, mit dem Steuereingang h, schaltet die Fläche bei $h = 1500\,\mathrm{m}$ von A_S auf A_{FS} um. Mit dem Funktionsblock *Fcn1* wird die Simulation gestoppt, wenn die Höhe null erreicht wird.

Abb. 3.3 zeigt die Fallgeschwindigkeit des Springers. Nach ca. 25 s hat er mit geschlossenem Schirm die oben berechnete stationäre Geschwindigkeit erreicht. Bei $t = 36\,\mathrm{s}$ beträgt seine Höhe 1500 m (s. Abb. 3.4) und der Schalter *Switch* wechselt auf die große Fallschirmfläche. Die Sinkgeschwindigkeit wird betragsmäßig kleiner und erreicht mit ca. $-6\,\mathrm{m/s}$ eine stationäre Sinkgeschwindigkeit.

Die Beschleunigung $\ddot{h}$ ist unrealistisch (viel zu hoch). Dies liegt daran, dass der Öffnungsvorgang mit einem einfachen Schalter realisiert wurde. Ein dem Schalter nachgeordnetes Verzögerungssystem (*Block Transfer Function*) mit entsprechenden Anfangsbedingungen schafft hier Abhilfe.

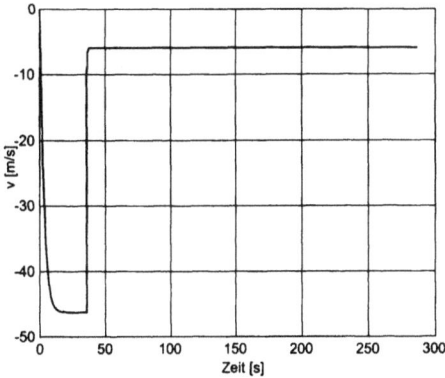

Abb. 3.3: *Fallgeschwindigkeit als Funktion der Zeit*

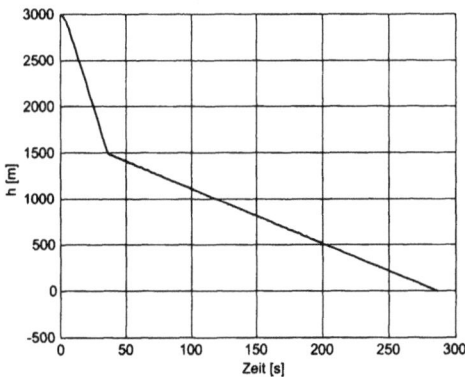

Abb. 3.4: *Höhe als Funktion der Zeit*

3.2   Stick-Slip-Effekt

Unter dem Stick-Slip-Effekt versteht man den permanenten Übergang von Haft- auf
Gleitreibung bei einem Bewegungsvorgang. Dieser Übergang wird nicht selten von einem
Geräusch begleitet, z. B. das Knarren einer Tür oder das Quietschen von Kreide an einer
Tafel. Bei Positioniervorgängen kann der Effekt ebenfalls auftreten und ist unerwünscht.

Der Stick-Slip-Effekt soll an dem folgenden Beispiel demonstriert werden (s. Abb. 3.5).

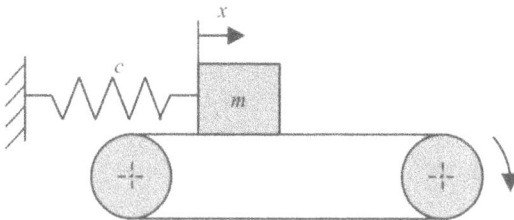

Abb. 3.5: *Stick-Slip-Effekt [11]*

Auf einem Förderband befindet sich ein Klotz mit der Masse m, der mit einer Feder
der Federsteifigkeit c verbunden ist. Sobald sich das Band nach vorne bewegt (Band-
geschwindigkeit v_B), wird der Klotz aufgrund der Haftreibung mitgenommen. Dies geschieht so lange, bis die Federkraft größer als die Haftreibungskraft wird. Dann tritt
eine Relativbewegung zwischen Klotz und Band auf, und die Reibungskraft sinkt ab
auf das Gleitreibungsniveau. Der Klotz wird daraufhin nach links bewegt und kommt
dann wieder zur Ruhe, d. h., es liegt erneut Haftreibung vor und der Klotz wird wieder
mitgenommen. Es entsteht also eine nichtlineare Schwingung.

Zahlenwerte:

m	$= 1\,\text{kg}$	Klotzmasse
c	$= 80\,\text{N/m}$	Federsteifigkeit
F_{HR}	$= 10\,\text{N}$	Haftreibungskraft
F_{GR}	$= 7\,\text{N}$	Gleitreibungskraft
v_B	$= 0{,}1\,\text{m/s}$	Bandgeschwindigkeit
T_v	$= 0{,}1\,\text{m/s}$	Abklingkonstante

3.2.1   Aufstellen der Bewegungsgleichung

Zum Aufstellen der Bewegungsgleichung wird der Klotz in positive Richtung mit positiver Geschwindigkeit ausgelenkt und freigeschnitten (s. Abb. 3.6). Die Koordinate zur
Beschreibung der Bewegung des Klotzes ist x.

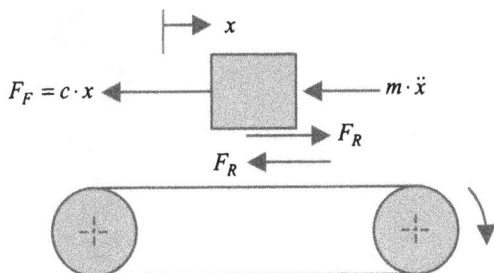

Abb. 3.6: *Freigeschnittener Klotz*

Anschließend werden die Schnittkräfte eingezeichnet und die d'Alembertsche Trägheitskraft $m \cdot \ddot{x}$ entgegen der positiven Richtung eingetragen. Das Kräftegleichgewicht in x-Richtung liefert die Differenzialgleichung

$$m \cdot \ddot{x} + c \cdot x = F_R. \tag{3.18}$$

Die Reibungskraft F_R kann nun durch folgende Gleichung beschrieben werden:

$$F_R = -sgn\left(\dot{x} - v_B\right) \cdot \left[F_{GR} + \Delta F \cdot e^{-\dfrac{|\dot{x} - v_B|}{T_v}} \right] \tag{3.19}$$

F_{HR} ist die Haftreibungskraft, die wirkt, wenn die Relativgeschwindigkeit zwischen Klotz und Band $\dot{x} - v_B = 0$ ist. Sobald der Klotz rutscht, d. h. $\dot{x} - v_B \neq 0$ ist, sinkt die Haftreibungskraft ab. Das Abklingverhalten kann mit Hilfe einer e-Funktion durch eine Art Zeitkonstante T_v (Einheit m/s) beschrieben werden. Die Signum-Funktion berücksichtigt die Richtung der Relativgeschwindigkeit zwischen Klotz und Band. Das erste Minuszeichen in (3.19) bedeutet, dass die Reibungskraft der Bewegung immer entgegengerichtet ist. F_{GR} ist die Gleitreibungskraft. Abb. 3.7 zeigt den Verlauf der Reibungskraft als Funktion der Relativgeschwindigkeit.

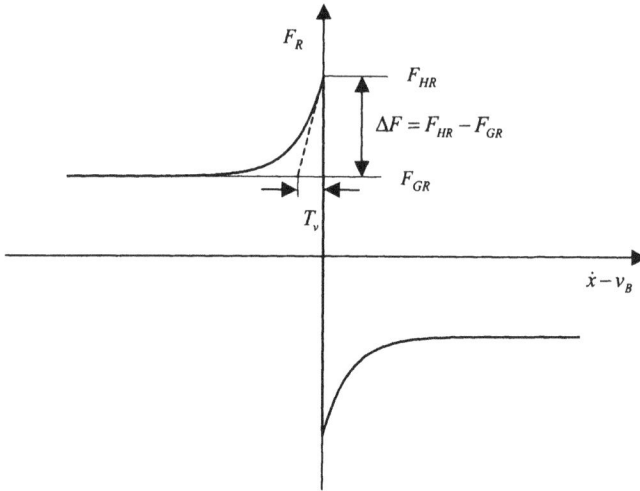

Abb. 3.7: *Reibungskraftverlauf*

3.2.2   Simulation des Stick-Slip-Effektes

Für den Aufbau des Blockschaltbildes wird die Differenzialgleichung (3.18) nach $\ddot{x}$ aufgelöst

$$\ddot{x} = \frac{F_R - c \cdot x}{m} \tag{3.20}$$

und die rechte Seite wird aufgebaut (s. Abb. 3.8).

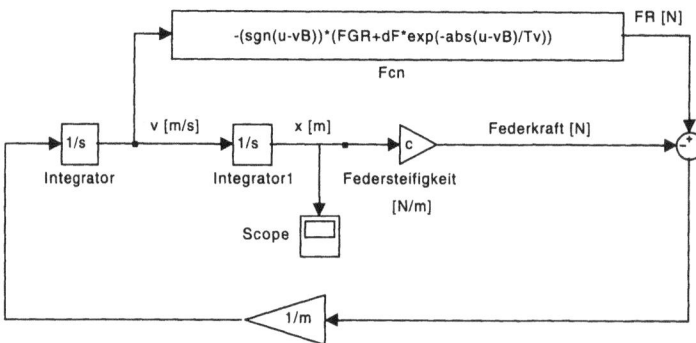

Abb. 3.8: *Blockschaltbild (stickslip.mdl)*

Die Reibungskraft wird über den Funktionsblock *Fcn* gemäß Gleichung (3.19) nachgebildet. Das System ist zu Beginn in Ruhelage. Das heißt, die beiden Integrierer werden mit verschwindenden Anfangsbedingungen initialisiert.

Abb. 3.9 zeigt das Simulationsergebnis.

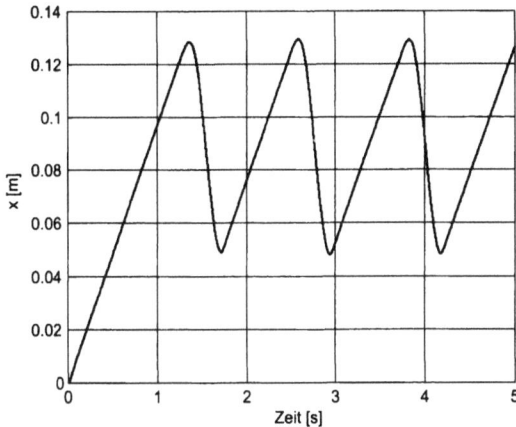

Abb. 3.9: *Weg der Klotzmasse*

Weil die Federkraft zu Beginn kleiner ist als die Haftreibungskraft, wird der Klotz ca. 13 cm mitgenommen. Dann wird die Federkraft größer als die Haftreibungskraft. Die Masse wird nach links beschleunigt und schwingt sehr rasch auf ca. 5 cm zurück und kommt zur Ruhe. Die Relativgeschwindigkeit zwischen Band und Klotz ist dann wieder null. Es tritt Haftreibung auf, wodurch der Klotz wieder mitgenommen wird. Somit entsteht eine nichtlineare Schwingung.

3.3 Kupplungsvorgang einer Reibkupplung

Abb. 3.10 zeigt eine Reibkupplung, wie sie prinzipiell in PKWs eingesetzt wird. Zwischen den beiden Druckplatten befindet sich eine Reibscheibe, die auf der linken Seite fest mit der Druckplatte verbunden ist. Presst man nun beide Platten fest genug zusammen, kann über die in der Kontaktfläche entstehende Reibungskraft ein Drehmoment übertragen werden.

Zur Zeit $t = 0$ wird ein Drehmoment M_1 eingeleitet und die Kupplung wird geschlossen. Es entsteht ein Reibmoment in der Kupplung, das für die Abtriebsseite als Antriebsmoment und für die Antriebsseite als Bremsmoment wirkt. Ist die Anpresskraft F_K groß genug, so wird die Abtriebsseite hinreichend schnell beschleunigt, mit der Folge, dass später beide Winkelgeschwindigkeiten gleich sind. Die Kupplung ist dann geschlossen und es tritt Haftreibung auf.

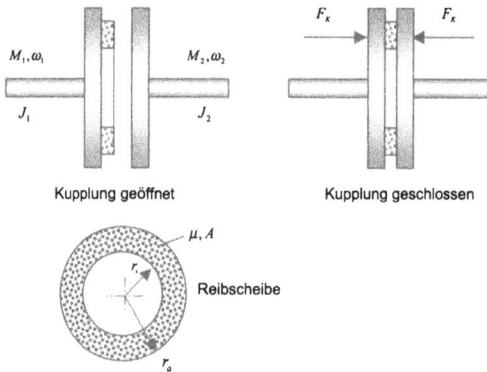

Abb. 3.10: *Reibkupplung [7]*

Zahlenwerte:

M_1	$= 200$ Nm	Antriebsmoment
M_2	$= 0$ Nm	Lastmoment
J_1	$= 1$ kgm^2	Massenträgheitsmoment der Antriebsseite
J_2	$= 5$ kgm^2	Massenträgheitsmoment der Abtriebsseite
μ	$= 0,3$	Gleitreibungskoeffizient
r_i	$= 10$ cm	Innenradius des Kupplungsbelages
r_a	$= 15$ cm	Außenradius des Kupplungsbelages
F_K	$= 5000$ N	Anpresskraft
$\varphi_1(0)$	$= 0$	Anfangswinkel Antriebsseite
$\varphi_2(0)$	$= 0$	Anfangswinkel Abtriebsseite
$\omega_1(0)$	$= 200$ s^{-1}	Anfangswinkelgeschwindigkeit Antriebsseite
$\omega_2(0)$	$= 0$	Anfangswinkelgeschwindigkeit Abtriebsseite

3.3.1   Aufstellen der Bewegungsgleichung

Zum Aufstellen der Bewegungsgleichung wird die Kupplung in der Reibebene freige-schnitten und die Momente werden eingetragen (s. Abb. 3.11).

Die Winkelkoordinaten zur Beschreibung der Drehbewegung werden für beide Scheiben rechtsherum positiv gewählt. Das in der Kupplung auftretende Reibmoment M_R wirkt auf der linken Seite linksherum und als Schnittmoment auf der rechten Seite rechtsher-um. Das d'Alembertsche Trägheitsmoment wirkt immer entgegen der positiv gewählten Richtung.

Momentengleichgewicht für Scheibe 1 (Antrieb):

$$J_1 \cdot \ddot{\varphi}_1 + M_R - M_1 = 0 \tag{3.21}$$

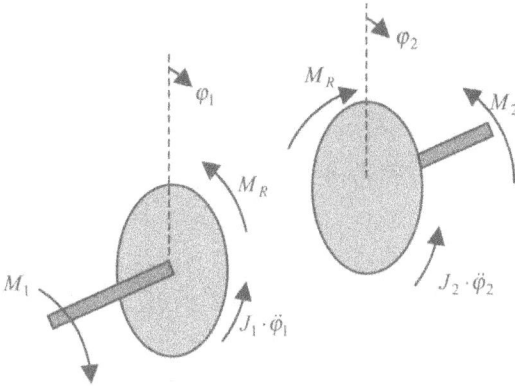

Abb. 3.11: *Freigeschnittene Kupplungsscheiben*

Momentengleichgewicht für Scheibe 2 (Abtrieb):

$$J_2 \cdot \ddot{\varphi}_2 - M_R + M_2 = 0 \qquad (3.22)$$

3.3.2   Analytische Lösung der Bewegungsgleichung

Die Integration der Bewegungsgleichungen mit $M_2 = 0$ (kein Lastmoment) liefert die beiden Winkelgeschwindigkeiten der Scheiben 1 und 2.

$$\omega_1 = \dot{\varphi}_1 = -\frac{M_R - M_1}{J_1} \cdot t + \omega_{1,0} \qquad (3.23)$$

$$\omega_2 = \dot{\varphi}_2 = \frac{M_R}{J_2} \cdot t \qquad (3.24)$$

Eine weitere Integration liefert die beiden Drehwinkel

$$\varphi_1 = -\frac{M_R - M_1}{J_1} \cdot \frac{t^2}{2} + \omega_{1,0} \cdot t \qquad (3.25)$$

$$\varphi_2 = \frac{M_R}{J_2} \cdot \frac{t^2}{2} \qquad (3.26)$$

Die Kupplung gleitet nicht mehr, wenn die Winkelgeschwindigkeiten ω_1 und ω_2 nach der Kuppelzeit t_K gleich sind. Diese Zeit lässt sich durch Gleichsetzen von (3.23) und (3.24) bestimmen.

$$t_K = \frac{\omega_{1,0}}{\dfrac{M_R}{J_2} + \dfrac{M_R - M_1}{J_1}} \qquad (3.27)$$

In Gleichung (3.27) wird allerdings die Kenntnis des Reibmomentes M_R in der Kupplung verlangt, das wiederum von der Anpresskraft F_K abhängt.

3.3.3 Berechnung des inneren Reibmomentes M_R in der Kupplung

Das über das Flächenelement $dA = dr \cdot d\psi$ übertragene Reibmoment dM_R ist das Produkt aus dem Radius r und der in der Ebene des Flächenelementes wirkenden Tangentialkraft dF_T (s. Abb. 3.12).

$$
\begin{aligned}
dM_R &= r \cdot dF_T & (3.28) \\
     &= r \cdot \mu \cdot dF_N \\
     &= r \cdot \mu \cdot p \cdot dA \\
     &= r \cdot \mu \cdot p \cdot r \cdot d\psi \cdot dr
\end{aligned}
$$

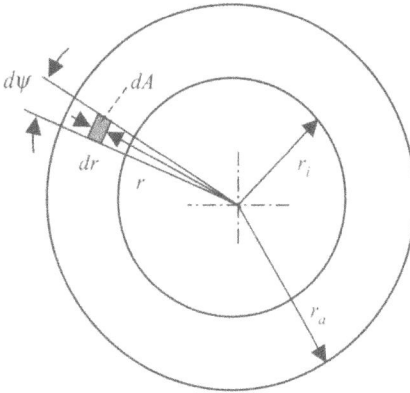

Abb. 3.12: *Kupplungsscheibe mit Flächenelement dA*

Die Tangentialkraft ist $dF_t = \mu \cdot dF_N$. Den Normalkraftanteil dF_N auf das Flächenelement dA erhält man aus dem Druck p auf dieses Flächenelement

$$
p = \frac{dF_N}{dA} = \frac{F_K}{A} \tag{3.29}
$$

mit der gesamten Reibfläche

$$
A = \pi \cdot (r_a^2 - r_i^2) \tag{3.30}
$$

Das gesamte Reibmoment M_R ergibt sich durch Integration von (3.28) über ψ und r.

$$M_R = \int_{r_i}^{r_a} \int_0^{2\pi} r^2 \cdot \mu \cdot p \cdot d\psi \cdot dr \qquad (3.31)$$

$$= \int_{r_i}^{r_a} r^2 \cdot \mu \cdot p \cdot 2 \cdot \pi \cdot dr$$

$$= \left[\frac{r^3}{3} \cdot \mu \cdot p \cdot 2 \cdot \pi \right]_{r_i}^{r_a}$$

$$= \frac{2 \cdot \pi \cdot \mu \cdot F_K \cdot (r_a^3 - r_i^3)}{3 \cdot A}$$

$$M_R = \frac{2 \cdot \mu \cdot F_K \cdot (r_a^3 - r_i^3)}{3 \cdot (r_a^2 - r_i^2)} \qquad (3.32)$$

Aus (3.32) erkennt man, dass das übertragbare Drehmoment von der Größe der Reibfläche und vom Reibungsbeiwert abhängt und direkt proportional zur Anpresskraft F_K ist. Mit o. a. Zahlenwerten erhält man $M_R = 570\,\text{Nm}$.

3.3.4 Berechnung der erforderlichen Anpresskraft F_K

Die für einen erfolgreichen Kupplungsvorgang erforderliche Anpresskraft F_K erhält man aus der Überlegung, dass die Kupplungszeit t_K auf alle Fälle positiv sein muss. Das bedeutet, dass der Nenner von (3.27) positiv sein muss.

$$\frac{M_R}{J_2} + \frac{M_R - M_1}{J_1} > 0 \qquad (3.33)$$

Die beiden ω-Geraden schneiden sich ansonsten bei einer negativen Zeit, wenn die Kupplung aufgrund zu geringer Anpresskraft nicht in die Haftreibung übergeht (s. Abb. 3.15). Aber diesen Fall gilt es ja zu vermeiden. Setzt man (3.32) in (3.33) ein, so erhält man

$$F_K > \frac{3 M_1}{\left(1 + \dfrac{J_1}{J_2}\right) \cdot \mu \cdot \delta} = 4386\,\text{N} \qquad (3.34)$$

mit der Abkürzung

$$\delta = \frac{D_a^3 - D_i^3}{D_a^2 - D_i^2} = 0{,}38\,\text{m} \qquad (3.35)$$

wobei $D_i = 2 \cdot r_i$ und $D_a = 2 \cdot r_a$ ist.

3.3.5 Berechnung der in Wärme umgewandelten Reibarbeit

Die in der Schlupfphase in Wärme umgewandelte Reibarbeit W_R berechnet sich aus dem Reibmoment M_R und dem Differenzwinkel der beiden Scheiben.

$$
\begin{aligned}
W_R &= M_R \cdot (\varphi_1(t = t_K) - \varphi_2(t = t_K)) \\
&= M_R \cdot \left(-\frac{M_R - M_1}{J_1} \cdot \frac{t_K^2}{2} + \omega_{1,0} \cdot t_K - \frac{M_R}{J_2} \cdot \frac{t_K^2}{2} \right) \\
&= M_R \cdot \omega_{1,0} \cdot t_K = 135{,}7\,\text{kJ}
\end{aligned}
\tag{3.36}
$$

Die Reibarbeit lässt sich aber auch aus einer Energiebilanz (3.37) bestimmen.

$$
\begin{aligned}
W_R &= W_{kin,Anfang} - W_{kin,Ende} + W_M \\
&= \frac{J_1}{2} \cdot \omega_{1,0}^2 - \frac{J_1 + J_2}{2} \cdot \omega^2(t_K) + M_1 \cdot \varphi_1(t = t_K) \\
&= 135{,}7\,\text{kNm}
\end{aligned}
\tag{3.37}
$$

W_M ist die Arbeit des Antriebsmomentes.

3.3.6 Simulation des Kupplungsvorganges

Zur Erstellung des Blockschaltbildes werden die beiden Bewegungsgleichungen (3.21) und (3.22) nach $\ddot{\varphi}_1$ und $\ddot{\varphi}_2$ aufgelöst. Die Winkelbeschleunigungen werden dann von den beiden Integrierern zu den Winkelgeschwindigkeiten ω_1 und ω_2 aufintegriert. Dabei muss der Block *Integrator1* mit der Anfangsbedingung $\omega_1(0) = 200\,\text{s}^{-1}$ initialisiert werden. Das Reibmoment M_R wird gemäß Gleichung (3.32) mit Hilfe des Funktionsblockes *Fcn* berechnet. Abb. 3.13 zeigt das gesamte Blockschaltbild der beiden Bewegungsgleichungen.

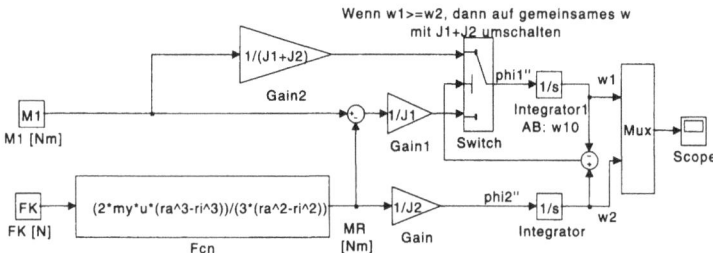

Abb. 3.13: Blockschaltbild (kupplung.mdl)

Um den Vorgang über die Schlupfphase hinaus korrekt zu simulieren, muss genau dann, wenn die beiden Winkelgeschwindigkeiten gleich sind, auf das gemeinsame Massenträgheitsmoment $J_1 + J_2$ umgeschaltet werden. Im Blockschaltbild erfolgt dies durch die Winkelgeschwindigkeitsdifferenz, die auf den Steuereingang des Schalters *Switch* wirkt. Die gemeinsame Winkelgeschwindigkeit ist dann ω_1.

Abb. 3.14 zeigt den zeitlichen Verlauf der Winkelgeschwindigkeiten. Bei $t = 7{,}2$ s hat die Scheibe 2 die erste eingeholt und es tritt Haftreibung auf; die Kupplung ist dann geschlossen.

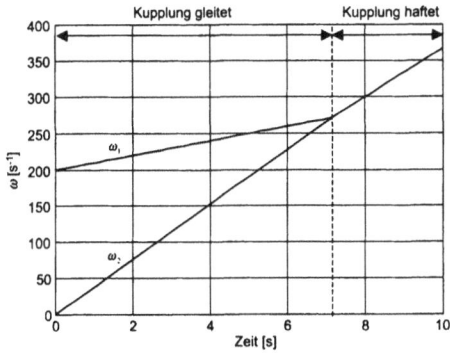

Abb. 3.14: *Kupplungsvorgang mit 5000 N Anpresskraft*

Ist die Anpresskraft zu klein, d. h. kleiner als 4386 N, dann kann die Abtriebsseite niemals die Scheibe 1 einholen. Die beiden Geraden werden sich folglich nicht schneiden. Das bedeutet, dass die Schlupfphase nicht beendet wird. Die Kupplung rutscht permanent durch (s. Abb. 3.15).

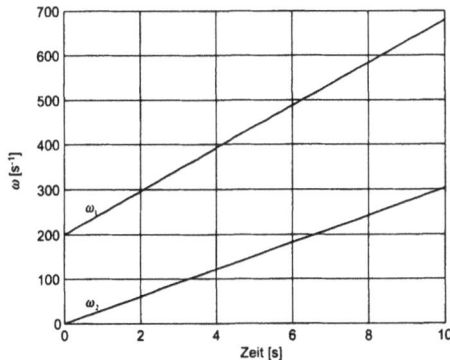

Abb. 3.15: *Kupplungsvorgang mit 4000 N Anpresskraft*

3.4 Bremsvorgang eines PKW ohne und mit ABS

Abb. 3.16 zeigt ein Auto, das aus der Geschwindigkeit $v_{F,0}$ durch einen Bremsvorgang bis zum Stillstand abgebremst wird. Im Latsch (Reifenaufstandsfläche) der Vorderreifen wirkt die Reibungskraft $F_{R,V}$, an den Hinterrädern wirkt die Reibungskraft $F_{R,H}$. $F_{R,H}$ ist infolge des Nickmomentes, das durch die Verzögerung entsteht, kleiner als $F_{R,V}$. Das Bremsmoment wird über die Bremsscheiben eingeleitet und bewirkt eine Verzögerung der Winkelgeschwindigkeit der Räder. Dadurch entsteht im Latsch ein Schlupf und damit eine vom Schlupf abhängige Reibungskraft, die für die Fahrzeugverzögerung verantwortlich ist.

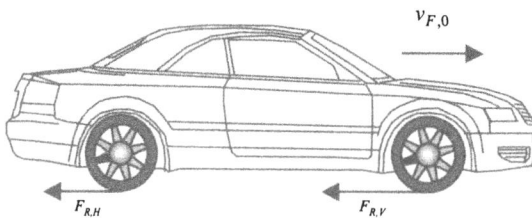

Abb. 3.16: *PKW beim Bremsen*

Zahlenwerte:

$v_{F,0}$	$= 100$ km/h	Anfangsgeschwindigkeit
m	$= 1500$ kg	Fahrzeugmasse
r_R	$= 0{,}3$ m	Reifenradius
J_R	$= 0{,}8$ kgm^2	Massenträgheitsmoment Reifen
A	$= 2$ m^2	Stirnfläche
c_w	$= 0{,}3$	Luftwiderstandsbeiwert
ρ	$= 1{,}2$ kg/m^3	Luftdichte
g	$= 9{,}81$ m/s^2	Erdbeschleunigung
c_1	$= 0{,}86$	Koeffizient für die Reibbeiwertberechnung
c_2	$= 33{,}82$	Koeffizient für die Reibbeiwertberechnung
c_3	$= 0{,}36$	Koeffizient für die Reibbeiwertberechnung

3.4.1 Aufstellen der Bewegungsgleichungen

Zum Aufstellen der Bewegungsgleichungen müssen die Räder und das Fahrzeug getrennt betrachtet werden. Vereinfachend wird der Bremsvorgang nur an einem Rad betrachtet. Hierzu wird das Rad freigeschnitten und es werden die Kräfte und Drehmomente eingetragen (s. Abb. 3.17). Die Koordinate zur Beschreibung der Raddrehbewegung ist der Drehwinkel des Rades φ_R.

Das Rad mit der Winkelgeschwindigkeit ω_R rollt nach rechts (positive Richtung). Das an der Bremsscheibe angreifende Bremsmoment M_B wirkt linksherum. Die im Latsch entstehende Reibungskraft F_R verzögert das Fahrzeug und bewirkt über den Radradius r_R

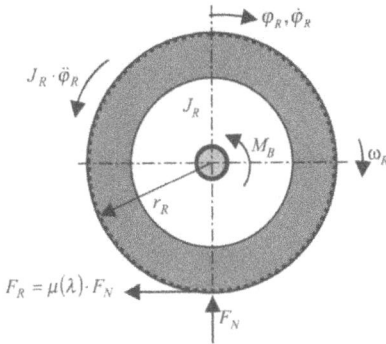

Abb. 3.17: *Freigeschnittenes Rad*

ein Drehmoment M_R, welches das Rad antreibt. Das d'Alembertsche Trägheitsmoment wird entgegen der positiv gewählten Richtung eingetragen. Das Momentengleichgewicht um den Radmittelpunkt liefert die Bewegungsgleichung des Rades.

$$J_R \cdot \ddot{\varphi}_R = F_R \cdot r_R - M_B \tag{3.38}$$

Die Reibungskraft ist das Produkt aus Reibungskoeffizient μ und der Normalkraft F_N.

$$F_R = \mu \cdot F_N \tag{3.39}$$

Diese ist infolge des Nickmomentes höher als die Gewichtskraft $m \cdot g$. Der Reibungskoeffizient μ hängt vom Schlupf λ ab. Der Schlupf ist über

$$\lambda = \frac{v_F - v_R}{v_F} \tag{3.40}$$

definiert, das heißt, die Differenz zwischen der Fahrzeuggeschwindigkeit v_F und der Radgeschwindigkeit $v_R = r_R \cdot \omega_R$ wird auf die Fahrzeuggeschwindigkeit bezogen. Ein frei rollendes Rad hat also den Schlupf $\lambda = 0$, ein blockiertes Rad hat den Schlupf $\lambda = 1$. Die Abhängigkeit des Reibungskoeffizienten vom Schlupf kann beispielsweise für eine trockene Asphaltstraße durch folgende Gleichung beschrieben werden

$$\mu(\lambda) = c_1 \cdot \left(1 - e^{-c_2 \cdot \lambda}\right) - c_3 \cdot \lambda \tag{3.41}$$

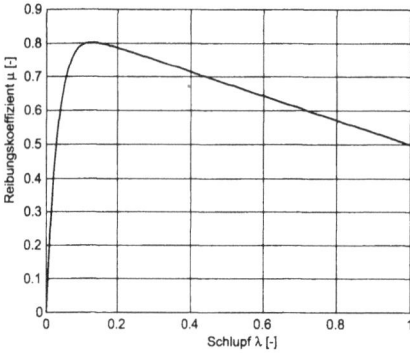

Abb. 3.18: *Schlupfkurve für eine trockene Asphaltstraße*

Der höchste Reibungskoeffizient tritt bei ca. 13% auf. Bei einem blockierten Rad fällt er auf 0,5 ab, das heißt, der Bremsweg ist dann länger.

Zum Aufstellen der Bewegungsgleichung des Fahrzeugs muss dieses freigeschnitten und die Kräfte sowie Drehmomente müssen eingetragen werden (s. Abb. 3.19). Die Koordinate zur Beschreibung der Fahrzeugbewegung ist der Weg x_F.

Die Reibungskraft aller vier Räder ist zu einer Kraft F_R zusammengefasst. Diese wirkt der Bewegung entgegen. Die Luftwiderstandskraft F_L verhält sich hierbei genauso. Die d'Alembertsche Trägheitskraft $m \cdot \ddot{x}_F$ wird entgegen der positiven Richtung eingetragen. Die Luftwiderstandskraft hängt quadratisch von der Anströmgeschwindigkeit des Fahrzeugs ab. Ohne Gegenwind ist diese Geschwindigkeit gleich der Fahrzeuggeschwindigkeit v_F.

$$F_L = c_w \cdot A \cdot \frac{\rho}{2} \cdot v_F^2 \tag{3.42}$$

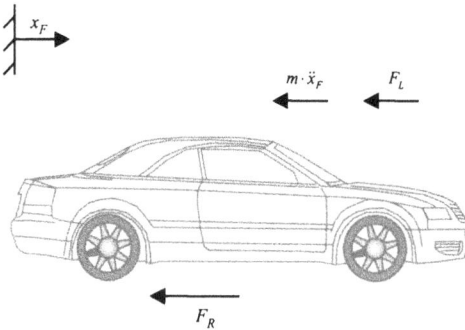

Abb. 3.19: *Freigeschnittenes Fahrzeug*

Das Kräftegleichgewicht liefert dann die Bewegungsgleichung des PKW.

$$m \cdot \ddot{x}_F = -F_R - F_L \tag{3.43}$$
$$= -\mu\left(\lambda\right) \cdot F_N - c_w \cdot A \cdot \frac{\rho}{2} \cdot v_F^2$$

3.4.2 Simulation des Bremsvorganges ohne ABS

Für den Aufbau des Blockschaltbildes werden die Gleichungen (3.38) bis (3.41) und (3.43) benötigt (s. Abb. 3.20). Das Bremsmoment wird mit dem Block *MB [Nm]* als konstante Größe vorgegeben (ohne ABS-Regelung). Mithilfe der linken Summationsstelle und dem Block *Gain* wird die Winkelbeschleunigung des Rades berechnet. Durch die Integration im Block *Integrator* erhält man die Winkelgeschwindigkeit des Rades. Die Anfangsbedingung dieses Integrierers muss so gewählt werden, dass der Schlupf zu Beginn null ist $(v_{F,0} = v_{R,0})$, d. h. $\omega_{R,0} = v_{R,0}/r_R$.

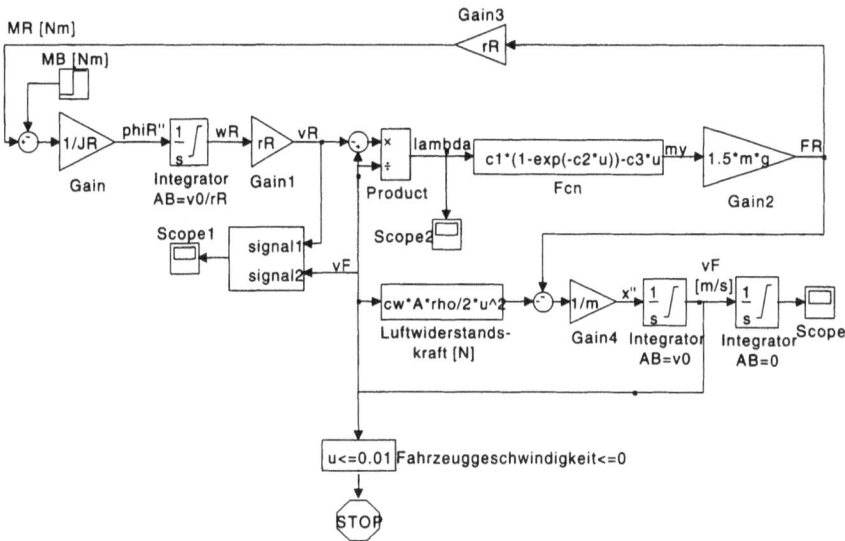

Abb. 3.20: *Blockschaltbild für Bremsvorgang ohne ABS (bremsenohneabs.mdl)*

Die Multiplikation der Winkelgeschwindigkeit mit dem Reifenradius liefert dann die Fahrzeuggeschwindigkeit. Anschließend wird der Schlupf berechnet, der als Eingangsgröße für den Funktionsblock *Fcn* dient. Der Blockausgang ist der Reibkoeffizient. der multipliziert mit der Normalkraft und dem Reifenradius das Reibmoment im Latsch liefert. Für die Normalkraft wird hier $1,5 \cdot m \cdot g$ gewählt, um die Erhöhung durch das Nickmoment zu berücksichtigen. Die untere Summationsstelle und der Block *Gain4* liefern die Fahrzeugbeschleunigung. Durch die Integration im Block *Integrator* (Anfangsbedingung $v_{F,0}$) erhält man die Geschwindigkeit des Fahrzeugs. Die weitere Integration ergibt dann den Weg. Um eine Division durch null in Gleichung (3.40) zu vermeiden, wird die Simulation gestoppt, wenn die Fahrzeuggeschwindigkeit kleiner als 0,01 m/s wird.

Abb. 3.21 zeigt einen Bremsvorgang mit einem hohen Bremsmoment $M_B = 5335\,\mathrm{Nm}$ (Vollbremsung).

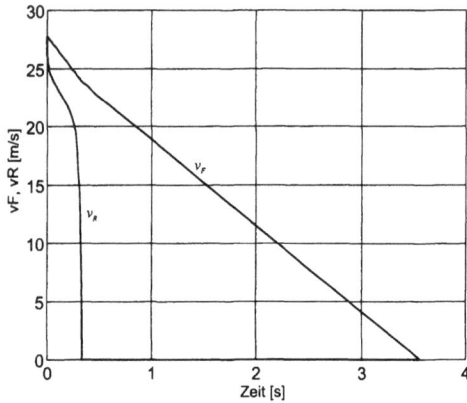

Abb. 3.21: Rad- und Fahrzeuggeschwindigkeit ohne ABS (Vollbremsung)

Das Rad blockiert sofort und der Schlupf wechselt auf eins (s. Abb. 3.22). Das Fahrzeug kommt nach ca. 47 m zum Stillstand (s. Abb. 3.23).

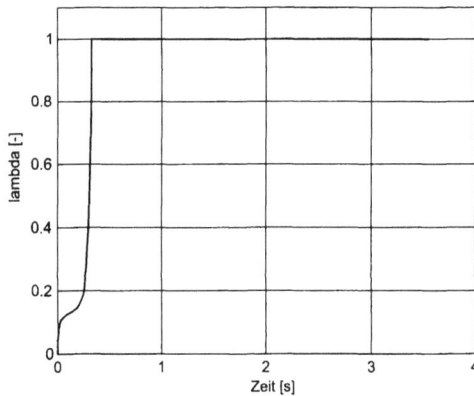

Abb. 3.22: Radschlupf ohne ABS (Vollbremsung)

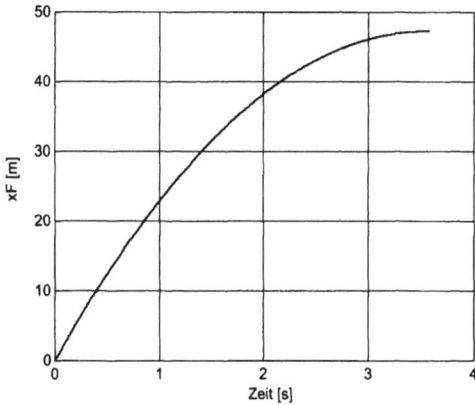

Abb. 3.23: *Bremsweg ohne ABS (Vollbremsung)*

3.4.3 Simulation des Bremsvorganges mit ABS

Aus Abb. 3.18 erkennt man, dass das Maximum des Reibkoeffizienten bei einem Schlupf von ca. 13 % liegt. Nun kann man das Blockschaltbild um eine vereinfachte Schlupfregelung (Zweipunktregler) erweitern (s. Abb. 3.24). Der Sollwert von 13 % wird an der Vergleichsstelle *Sum3* mit dem Istwert des Schlupfes verglichen. Ist der Istwert zu hoch (zu niedrig), wird mit Hilfe des Zweipunktreglers, der durch den Vorzeichenblock *Sign* realisiert wird, eine 1 (−1) ausgegeben. Dieser Ausgang wird dann zur Anpassung an sinnvolle Werte mit dem Block *Gain5* gewichtet und dem Integrierer zugeführt. Der Integrierer muss nach unten auf null begrenzt werden, denn ein negatives Bremsmoment ist nicht sinnvoll. Bei positivem Eingang läuft der Integrierer hoch (Bremsmoment wird erhöht). Bei einem negativem Eingang läuft er herunter (Bremsmoment wird reduziert). Somit entsteht eine Schwingung um den Sollwert, wie sie bei Zweipunktregelungen (Kühlschrank, Bügeleisen etc.) bekannt ist. Das Öffnen und Schließen der ABS-Ventile beim Auto wird am Fuß durch ein vibrierendes Bremspedal wahrgenommen.

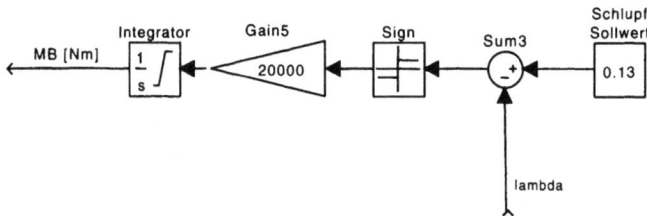

Abb. 3.24: *Schlupfregler (bremsenmitabs.mdl)*

Abb. 3.25 zeigt einen ABS-Bremsvorgang.

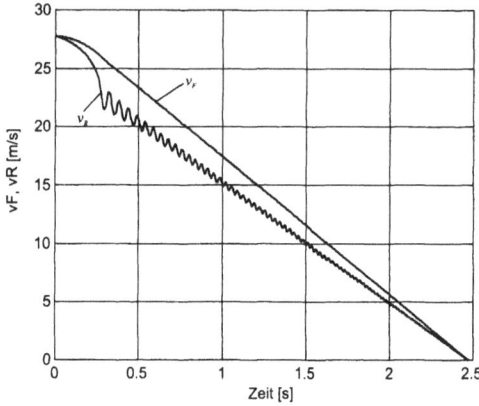

Abb. 3.25: Rad- und Fahrzeuggeschwindigkeit mit ABS

Der Schlupf wird nun auf den Wert 0,13 geregelt. Da es sich nur um einen Zweipunktregler handelt, pendelt der Istwert laufend um den Sollwert (s. Abb. 3.26). Diese Schwingungen sind auch in der Radgeschwindigkeit zu erkennen (s. Abb. 3.25).

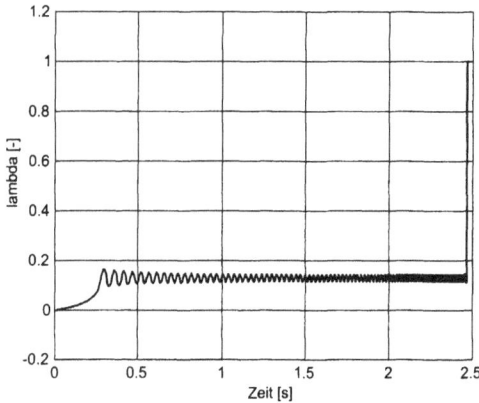

Abb. 3.26: Radschlupf mit ABS

Das Fahrzeug kommt nach ca. 36 m zum Stillstand (s. Abb. 3.27). Der Bremsweg ist kürzer geworden, weil die Regelung den Schlupf auf den maximalen Reibwert einstellt.

In Wirklichkeit ist das ABS-Bremssystem viel komplizierter, weil es nicht nur den Schlupf regelt, sondern auch noch die Radbeschleunigung. Außerdem ist die Schlupfkurve von den Straßenverhältnissen abhängig und dem System nicht bekannt.

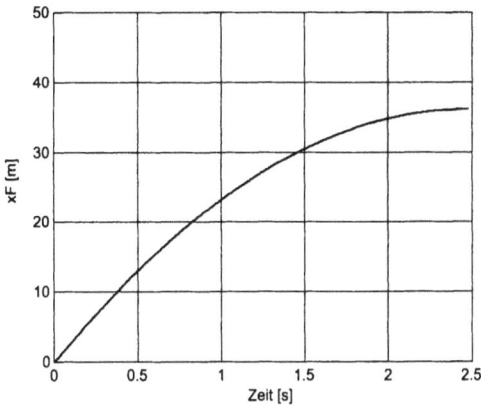

Abb. 3.27: *Bremsweg mit ABS*

3.5 Beschleunigungsvorgang eines PKW

Abb. 3.28 zeigt einen PKW bei einer Fahrt in der Ebene.

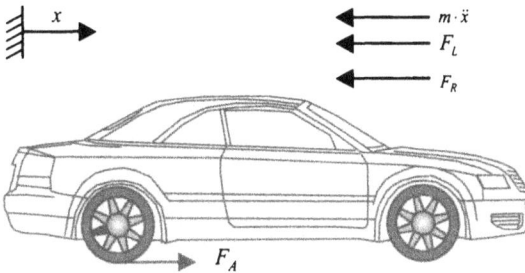

Abb. 3.28: *PKW bei einer Fahrt in der Ebene*

Das Auto fährt zunächst im fünften Gang mit einer konstanten Geschwindigkeit von 60 km/h. Dann gibt der Fahrer Vollgas, d. h., es erfolgt ein Drosselklappensprung von der aktuellen Stellung auf $\alpha = 90°$. Das Kennfeld des Verbrennungsmotors zeigt Abb. 3.29. Die Zahlenwerte befinden sich in Tab. 3.1.

Dort ist das Motormoment M_M als Funktion der Motordrehzahl n_M dargestellt. Der Parameter ist der Drosselklappenwinkel α. Das Motormoment wird über das Getriebe und den Achsantrieb (Wirkungsgrad η) in ein Raddrehmoment umgesetzt. Das Drehmoment an den Antriebsrädern ergibt über den Hebelarm (Radradius) eine Antriebskraft F_A, die das Fahrzeug beschleunigt.

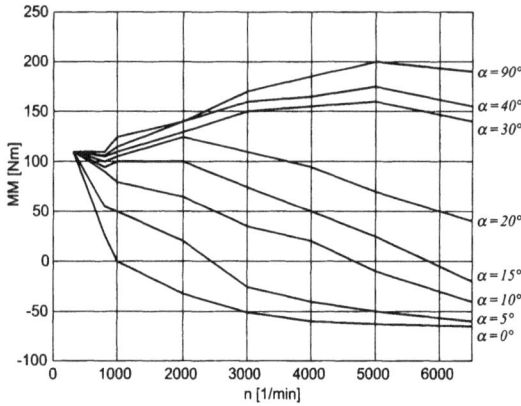

Abb. 3.29: *Volllast- und Teillastkennlinien*

Zahlenwerte:

m	$= 1600$ kg	Fahrzeugmasse (reduziert)
r_R	$= 0{,}291$ m	dynamischer Reifenradius
A	$= 1{,}7$ m^2	Stirnfläche
c_w	$= 0{,}32$	Luftwiderstandsbeiwert
ρ	$= 1{,}2$ kg/m^3	Luftdichte
F_R	$= 160$ N	Rollreibungskraft
g	$= 9{,}81$ m/s^2	Erdbeschleunigung
η	$= 0{,}9$	Wirkungsgrad Antriebsstrang
i_G	$= 1{,}3$	Getriebeübersetzung 5. Gang
i_A	$= 4{,}06$	Achsantrieb

Tabelle 3.1: *Motorkennfeld: Drehmomente in Nm als Funktion der Drosselklappenstellung α und der Drehzahl n in 1/min.*

	$n = 300$	$n = 800$	$n = 1000$	$n = 2000$	$n = 3000$	$n = 4000$	$n = 5000$	$n = 6500$
$\alpha = 90°$	110	110	125	140	170	185	200	190
$\alpha = 40°$	110	106	115	140	160	165	175	155
$\alpha = 30°$	110	105	110	130	150	155	160	140
$\alpha = 20°$	110	100	105	125	110	95	70	40
$\alpha = 15°$	110	95	100	100	75	50	25	-20
$\alpha = 10°$	110	90	80	65	35	20	-10	-40
$\alpha = 5°$	110	55	50	20	-25	-40	-50	-60
$\alpha = 0°$	110	27	0	-32	-51	-60	-63	-65

3.5.1 Aufstellen der Bewegungsgleichung

Zum Aufstellen der Bewegungsgleichung werden das Fahrzeug freigeschnitten und die Kräfte eingetragen (s. Abb. 3.28). Die Antriebskraft F_A wirkt nach rechts in Fahrtrichtung, die Luftwiderstandskraft F_L sowie die Rollreibungskraft F_R wirken der Bewegung entgegen, also nach links. Die d'Alembertsche Trägheitskraft $m \cdot \ddot{x}$ wird entgegen der positiven Richtung eingetragen. Bei der Masse m ist zu beachten, dass es sich hierbei um die reduzierte Masse handelt. Das heißt, die Trägheiten aller Massen, die eine Rotationsbewegung ausführen, werden auf eine Masse, die eine reine translatorische Bewegung ausführt, zurückgerechnet und zur Fahrzeugmasse addiert. Die Koordinate zur Beschreibung der Fahrzeugbewegung ist x. Das Kräftegleichgewicht in x-Richtung ergibt die Bewegungsgleichung

$$m \cdot \ddot{x} = F_A - F_L - F_R \tag{3.44}$$

mit der Luftwiderstandskraft

$$F_L = c_W \cdot A \cdot \frac{\rho}{2} \cdot v^2 \tag{3.45}$$

Die Antriebskraft F_A berechnet sich aus dem Radmoment M_R und dem dynamischen Reifenradius r_R

$$F_A = \frac{M_R}{r_R} \tag{3.46}$$

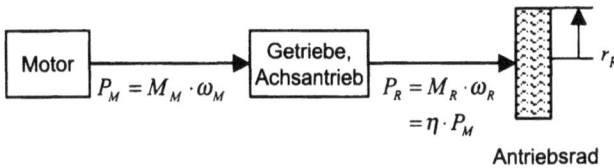

Abb. 3.30: *Leistungsfluss*

Das Radmoment erhält man aus dem Motormoment mit Hilfe der Getriebeübersetzung, der Übersetzung des Achsantriebes und des Getriebewirkungsgrades (s. Abb. 3.30).

$$M_R = \eta \cdot i_A \cdot i_G \cdot M_M \tag{3.47}$$

Den Zusammenhang aus Gleichung (3.47) gewinnt man aus der Überlegung, dass nur das η-fache der Eingangsleistung des Getriebes am Antriebsrad ankommt.

$$\begin{aligned} P_R &= P_M \cdot \eta \\ M_R \cdot \omega_R &= \eta \cdot \omega_M \cdot M_M \end{aligned} \tag{3.48}$$

Gleichung (3.48), nach dem Radmoment M_R aufgelöst, ergibt damit (3.47), unter Verwendung der Gesamtübersetzung (Getriebe und Achsantrieb).

$$i_A \cdot i_G = \frac{\omega_M}{\omega_R} \tag{3.49}$$

3.5.2   Simulation des Beschleunigungsvorganges

Für den Aufbau des Blockschaltbildes (s. Abb. 3.31) geht man am besten vom Motorkennfeld aus, das mit Hilfe der Look-Up-Table (2D) *Motorkennfeld MotKF(alpha,n)* generiert wird. Das Kennfeld ist in der Matrix *MotKF* hinterlegt. Werte, die zwischen den
Stützwerten liegen, werden linear interpoliert. Die Eingangsgrößen Look-Up-Table (2D)
sind die Drosselklappenstellung α (Einheit °) und die Motordrehzahl n (Einheit min^{-1}).
Die Ausgangsgröße ist das Motormoment, das mit Hilfe der folgenden Verstärkerblöcke
in eine Antriebskraft umgesetzt wird. Gemäß Gleichung (3.44) werden von dieser Antriebskraft die Reibungskraft und die Luftwiderstandskraft subtrahiert. Man erhält nach
der Division durch die Masse die Fahrzeugbeschleunigung $\ddot{x}$. Die Integration liefert die
Geschwindigkeit, aus der dann über die Übersetzung und den Radradius die Motordrehzahl berechnet wird, die dann wieder als Eingangsgröße für das Motorkennfeld dient.

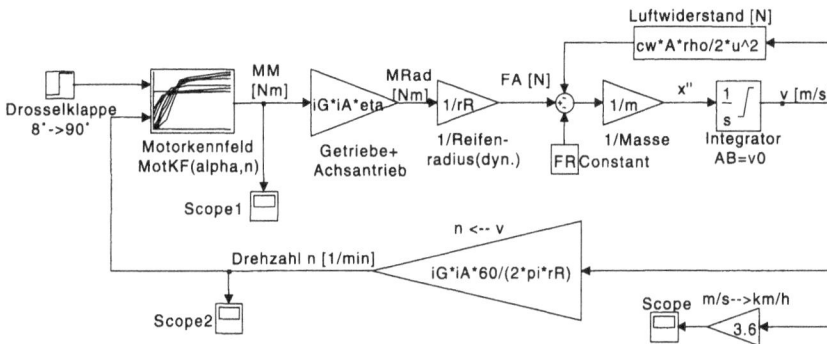

Abb. 3.31: *Blockschaltbild (pkwbeschleunigung.mdl)*

Da das Fahrzeug anfangs mit 60 km/h fahren soll, muss der Block *Integrator* diese Anfangsbedingung erhalten. Der Integrierer ist ebenfalls begrenzt, damit die Motordrehzahl von 6500 min^{-1} nicht überschritten wird. Des Weiteren muss die für die Anfangs-
geschwindigkeit erforderliche Drosselklappenstellung ermittelt werden. Im stationären
Zustand ist die Fahrzeuggeschwindigkeit konstant, das heißt, die Beschleunigung ist
null. Gemäß Gleichung (3.44) ist dann die Antriebskraft genauso groß wie die Summe
aus der Luftwiderstandskraft und der Reibungskraft.

$$F_A = F_L + F_R = 250,67\,\text{N} \tag{3.50}$$

Das erforderliche Motormoment ist dann

$$M_M = \frac{F_A \cdot r_R}{\eta \cdot i_A \cdot i_G} = 15,1\,\text{Nm} \tag{3.51}$$

Die Motordrehzahl beträgt bei 60 km/h 2887 min^{-1}. Mit diesen beiden Werten liest
man im Kennfeld (s. Abb. 3.29) eine Drosselklappenstellung von ca. 8° ab. Mit diesem
Wert muss der Block *Drosselklappe* voreingestellt werden.

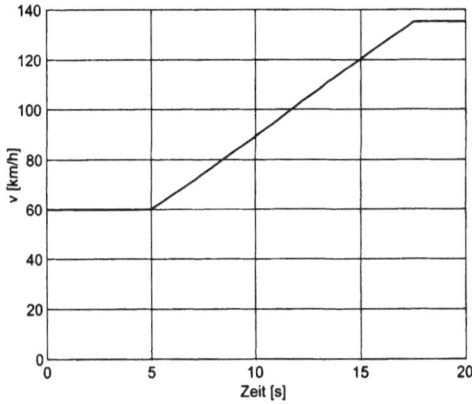

Abb. 3.32: *Fahrzeuggeschwindigkeit*

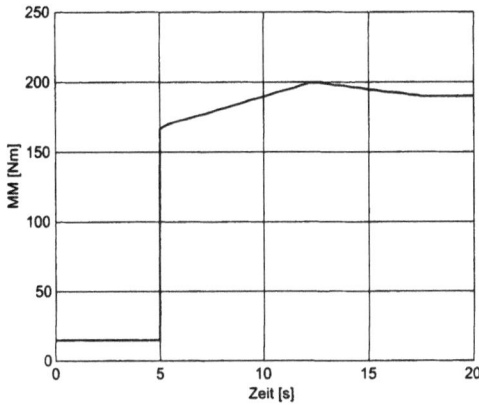

Abb. 3.33: *Motormoment*

Nach 5 s wird die Drosselklappe sprungförmig auf 90° geöffnet. Das Motormoment läuft nun mit steigender Drehzahl auf der obersten Drehmomentkurve (s. Abb. 3.33). Die daraus resultierende Antriebskraft zeigt Abb. 3.34. Die Differenz zwischen der oberen und der unteren Kurve führt zu der Beschleunigung des Fahrzeugs. Abb. 3.32 zeigt die Fahrzeuggeschwindigkeit, die bei einer Drehzahl von 6500 min^{-1} aufgrund der Begrenzung nicht mehr ansteigt.

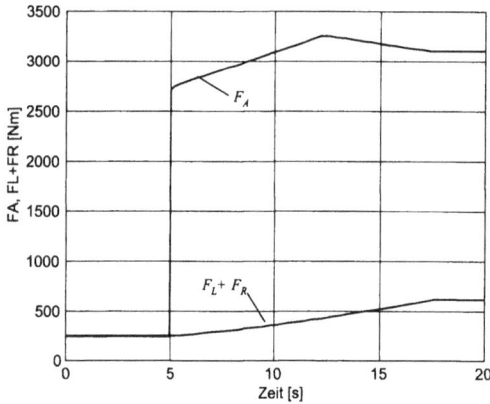

Abb. 3.34: *Antriebskraft, Luftwiderstandskraft und Reibungskraft*

3.6   Fallversuch

Abb. 3.35 zeigt eine Versuchseinrichtung zur Bestimmung des Wirkungsgrades einer
hydraulischen Schlagumlenkung, wie sie bei Bohrhämmern eingesetzt wird. Der Schlag
wird von einem fallenden Gewicht nachgebildet. Das Gewicht mit der Masse m schlägt
aus der Höhe x_0 auf den Hydraulikkolben auf. Dieser Aufschlag entspricht einem Bohr-
hammerschlag. Das Gewicht gleitet dabei an zwei Führungsdrähten. Ein Schleifer greift
eine Spannung am Widerstandsdraht (Konstantan) ab, die ein direktes Maß für die
Höhe des Gewichtes ist.

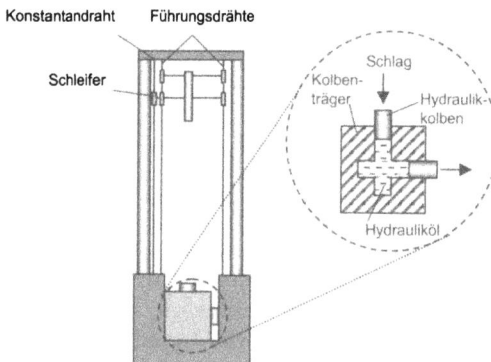

Abb. 3.35: *Versuchsaufbau zur hydraulischen Schlagumlenkung*

Aufgrund der Kompressibilität des Hydrauliköls wird das Gewicht zurückgeschleudert.
Über die Rücksprunghöhe hat man somit ein Maß für die Energie, die bei der Umlen-
kung dissipiert, d. h in Wärme umgewandelt wird. Der Bewegungsvorgang ähnelt einem
hüpfenden Ball.

Zahlenwerte:

$x_0 = 1\,\text{m}$ Anfangshöhe

$c = 52800\,\text{N/m}$ Federsteifigkeit der Hydraulikflüssigkeit

$d_{Fall} = 0{,}4\,\text{Ns/m}$ geschwindigkeitsproportionale Dämpfung beim Fallen und Rücksprung

$d = 22{,}2\,\text{Ns/m}$ geschwindigkeitsproportionale Dämpfung in der Kontaktphase

$m = 2{,}85\,\text{kg}$ Masse des Gewichts

$g = 9{,}81\,\text{m/s}^2$ Erdbeschleunigung

3.6.1 Aufstellen der Bewegungsgleichung

Modelliert man den Fallversuch, so erhält man zwei Differenzialgleichungen. Eine beschreibt den freien Fall und den Rücksprung, die andere den Kontakt des Körpers mit dem Kolben (s. Abb. 3.36).

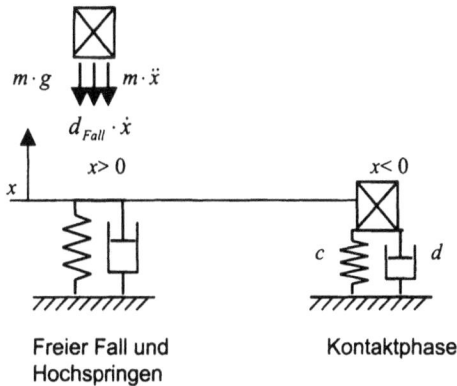

Abb. 3.36: *Freigeschnittene Masse*

Zum Aufstellen der Bewegungsgleichung werden die Masse freigeschnitten und die Kräfte eingetragen (s. Abb. 3.36). Die Koordinate zur Beschreibung der Bewegung ist die Höhe x. Die Gewichtskraft wirkt nach unten. Unter Annahme einer positiven Auslenkung und Geschwindigkeit werden die geschwindigkeitsproportionale Dämpfungskraft und die d'Alembertsche Trägheitskraft $m \cdot \ddot{x}$ entgegen der positiven Richtung eingetragen. Das Kräftegleichgewicht liefert dann die Bewegungsgleichung für den freien Fall und die Hochsprungphase

$$m \cdot \ddot{x} + d_{Fall} \cdot \dot{x} = -m \cdot g \qquad (3.52)$$

und die Bewegungsgleichung für die Kontaktphase

$$m \cdot \ddot{x} + d \cdot \dot{x} + c \cdot x = -m \cdot g \qquad (3.53)$$

3.6.2   Simulation und Vergleich mit einer Messung

Bis auf die Dämpfung und die Federsteifigkeit sind die Differenzialgleichungen (3.52) und (3.53) identisch. Dies bedeutet, dass man nur eine Differenzialgleichung graphisch programmieren muss, wobei man allerdings stets beachten muss, dass jeweils die richtigen Parameter zum Einsatz kommen. Daher sind die Dämpfung und die Federsteifigkeit zum geeigneten Zeitpunkt umzuschalten. Man löst die Differenzialgleichung (3.53) nach $\ddot{x}$ auf und baut die rechte Seite mit Hilfe des Funktionsblocks *Fcn* auf. Der Ausgang dieses Blocks ist also die Beschleunigung, die zweimal aufintegriert den Weg x liefert. Die Anfangsbedingung des ersten Integrierers ist null, weil das Gewicht aus dem Zustand der Ruhe herunterfällt. Der zweite Integrierer *Integrator 1* erhält als Anfangsbedingung die Höhe x_0. Die Umschaltung der Systemparameter erfolgt genau dann, wenn x das Vorzeichen wechselt. Diese Schaltbedingung wird auf den Steuereingang der beiden Schalter *Switch* und *Switch1* gelegt. Um die Anfangsbedingungen muss man sich beim Umschaltvorgang nicht kümmern, weil die beiden Integrierer bereits die richtigen Werte beinhalten. Das Blockschaltbild zeigt Abb. 3.37.

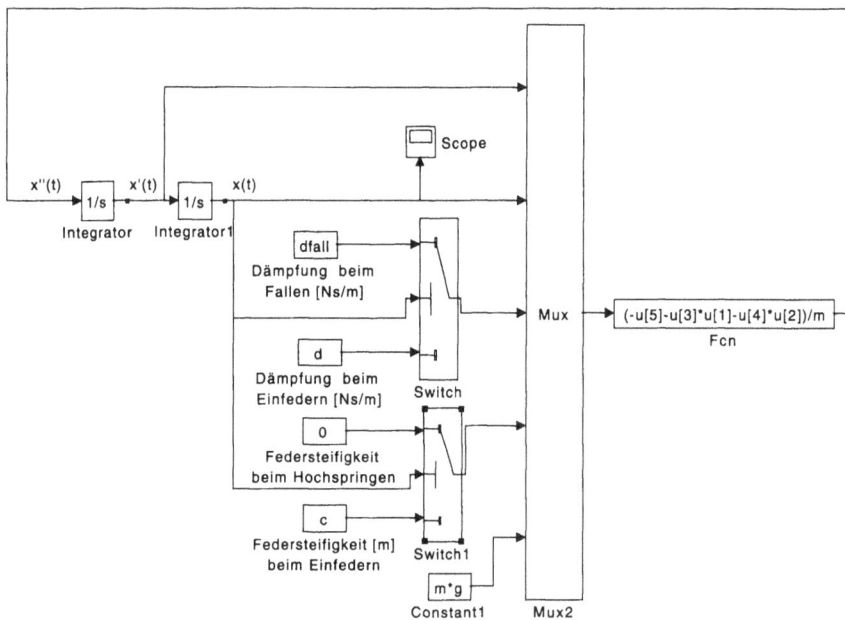

Abb. 3.37: *Blockschaltbild (bohrhammer.mdl)*

Abb. 3.38 zeigt den Vergleich zwischen Simulation und Messung. Die Masse fällt aus 1 m Höhe nach unten und schlägt nach ca. 0,5 s auf dem Hydraulikkolben auf. Aufgrund der Federwirkung des Hydrauliksystems wird die Masse wieder zurückgeschleudert. Der erste Rücksprung wird noch sehr gut wiedergegeben. Dann machen sich allmählich Abweichungen in der Amplitude und der Frequenz bemerkbar. Die Ursache liegt sicherlich darin, dass die Dämpfungsmodellierung nur geschwindigkeitsproportional ausgeführt wurde. In den Führungsdrähten und am Schleifer hat man allerdings Gleitreibung, die vom Betrag der Geschwindigkeit unabhängig ist und nur von der Richtung abhängt. Hier kann die Simulation noch durchaus verbessert werden. Das starke Rauschen bei ca. 0,6 s ist auf eine Roststelle am Messdraht zurückzuführen.

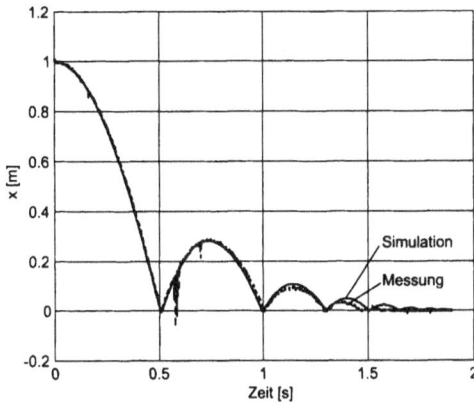

Abb. 3.38: Simulation und Messung

3.7 Tilger

Abb. 3.39 zeigt eine Masse m, die über eine Feder mit dem Fundament verbunden ist.

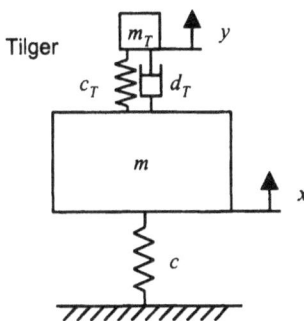

Abb. 3.39: Schwingende Masse mit Tilger

Aufgrund einer Anfangsauslenkung führt die Masse ungedämpfte Schwingungen in x-Richtung aus. Die Schwingung dieser Masse kann dadurch beseitigt werden, dass man ein zusätzliches Feder-Masse-Dämpfer-System an der Masse anbringt.

Das Zusatzsystem (Tilger) muss so dimensioniert werden, dass die Zusatzmasse m_T über die Ankopplung eine dämpfende Kraft auf die Masse m ausübt. Dies ist dann der Fall, wenn die Eigenkreisfrequenz des Tilgers gleich der Eigenkreisfrequenz der Hauptmasse ist. Der Dämpfer des Tilgers sorgt dafür, dass dem Schwingungssystem Energie entzogen wird. Sie darf allerdings nicht zu groß gewählt werden, damit sich die Eigenkreisfrequenz nicht zu stark verschiebt.

Zahlenwerte:

m	$= 500$ kg	Hauptmasse
c	$= 1000$ N/m	Federsteifigkeit
m_T	$= 20$ kg	Tilgermasse
c_T	$= 40$ N/m	Federsteifigkeit der Tilgerankopplung
d_T	$= 11$ Ns/m	Dämpfungwert des Tilgers
x_0	$= 0{,}1$ m	Anfangsauslenkung der Hauptmasse

3.7.1 Aufstellen der Bewegungsgleichung

Zum Aufstellen der Bewegungsgleichung geht man zweckmäßigerweise von der statischen Ruhelage der Massen aus. In dieser Lage sind die Federkräfte genauso groß wie die Gewichtskräfte und spielen daher für die Schwingbewegung keine Rolle. Die Koordinatensysteme werden in dieser Lage festgemacht. Die beiden Massen werden in positive Richtung mit positiver Geschwindigkeit ausgelenkt (Annahme: $y > x$, $\dot{y} > \dot{x}$) und freigeschnitten (s. Abb. 3.40). Die Koordinate zur Beschreibung der Bewegung der Hauptmasse ist x. Die Bewegung der Tilgermasse wird durch die Koordinate y beschrieben.

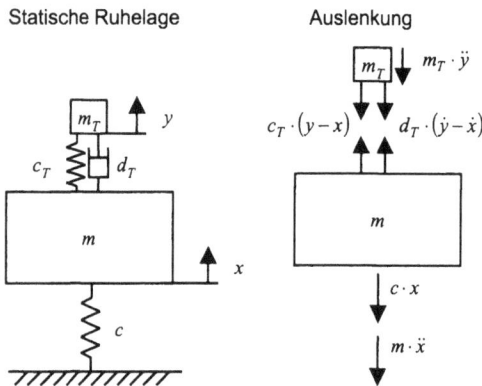

Abb. 3.40: Freigeschnittene Massen

Anschließend werden die Schnittkräfte eingezeichnet und die d'Alembertsche Trägheitskraft entgegen der positiven Richtung eingetragen. Das Kräftegleichgewicht in x- und y-Richtung liefert die folgenden Differenzialgleichungen.

$$m \cdot \ddot{x} + d_T \cdot \dot{x} + (c + c_T) \cdot x = c_T \cdot y + d_T \cdot \dot{y} \tag{3.54}$$

$$m_T \cdot \ddot{y} + d_T \cdot \dot{y} + c_T \cdot y = c_T \cdot x + d_T \cdot \dot{x} \tag{3.55}$$

Es handelt sich um zwei inhomogene Differenzialgleichungen zweiter Ordnung, die miteinander gekoppelt sind. Die Bewegung der einen Masse stellt jeweils die Anregung (rechte Seite der Differenzialgleichung) für die andere Masse dar.

Die Eigenkreisfrequenz der schwingenden Hauptmasse m ist

$$\omega_0 = \sqrt{\frac{c}{m}} = \sqrt{\frac{1000 \text{ N/m}}{500 \text{ kg}}} = 1{,}414 \text{ s}^{-1} \tag{3.56}$$

Um eine optimale Tilgerwirkung zu erhalten, muss das Tilgersystem die gleiche Eigenkreisfrequenz haben. Bei einer Tilgermasse von 20 kg muss die Federsteifigkeit

$$c_T = \frac{m_T}{m} \cdot c = \frac{20 \text{ kg}}{500 \text{ kg}} \cdot 1000 \frac{\text{N}}{\text{m}} = 40 \frac{\text{N}}{\text{m}} \tag{3.57}$$

gewählt werden. Für die Dämpferkonstante wird $d_T = 11$ Ns/m gewählt.

3.7.2 Simulation

Zum Aufstellen des Blockschaltbildes löst man die Gleichung (3.54) nach $\ddot{x}$ und Gleichung (3.55) nach $\ddot{y}$ auf.

$$\ddot{x} = \frac{c_T \cdot (y - x) + d_T \cdot (\dot{y} - \dot{x}) - c \cdot x}{m} \tag{3.58}$$

$$\ddot{y} = \frac{c_T \cdot (x - y) + d_T \cdot (\dot{x} - \dot{y})}{m_T} \tag{3.59}$$

Auf der rechten Seite von (3.58) und (3.59) benötigt man sowohl die Wege als auch die Geschwindigkeiten. Es ist daher zweckmäßig, diese Größen mit Hilfe des Blockes *Mux* zusammenzufassen. Mit dem Block *Fcn* wird die Beschleunigung $\ddot{x}$ berechnet und auf den Integriererblock *Integrator* zurückgekoppelt. Der Block *Integrator1*, der aus der Geschwindigkeit $\dot{x}$ den Weg x berechnet, wird mit der Anfangsbedingung x_0 initialisiert. Alle anderen Integrierer haben den Anfangswert null. Die Berechnung der Beschleunigung $\ddot{y}$ erfolgt mit dem Funktionsblock *Fcn1* (s. Abb. 3.41).

Abb. 3.42 zeigt die ungedämpfte Schwingung der Hauptmasse ohne Tilger. Die Anfangsauslenkung beträgt 0,1 m. Nach 40 s sind neun Schwingungsperioden durchlaufen. Die Schwingungsdauer beträgt 4,44 s und die Eigenkreisfrequenz $\omega_0 = 2 \cdot \pi / 4{,}44 \text{ s} = 1{,}41 \text{ s}^{-1}$.

Versieht man nun diese schwingende Hauptmasse mit einem Tilgersystem, klingt die Schwingung rasch ab. Die Energie wird dabei im Dämpfer abgebaut.

Wählt man die Dämpferkonstante zu hoch ($d_T = 20$ Ns/m), verschiebt sich die Eigenkreisfrequenz des gedämpften Systems zu stark und die Tilgerwirkung wird schlechter. Dies ist deutlich in Abb. 3.45 zu erkennen.

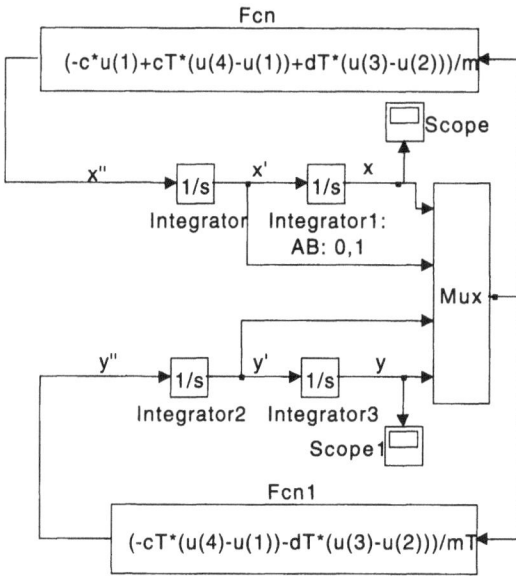

Abb. 3.41: *Blockschaltbild (tilger.mdl)*

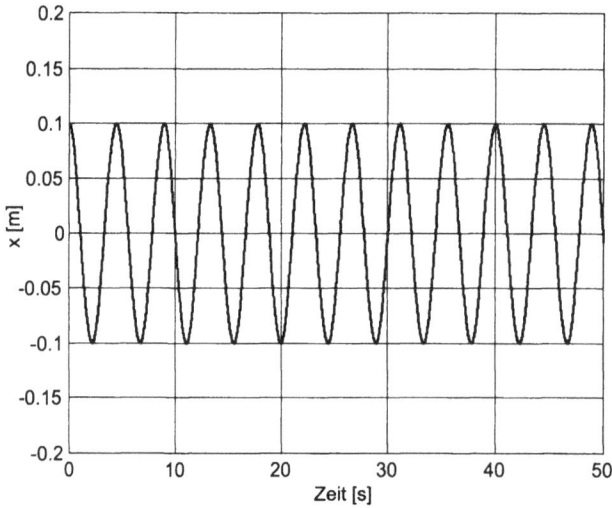

Abb. 3.42: *Ungedämpfte Schwingung der Hauptmasse*

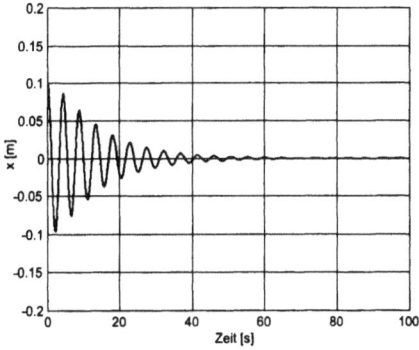

Abb. 3.43: *Durch den Tilger gedämpfte Schwingung der Hauptmasse*

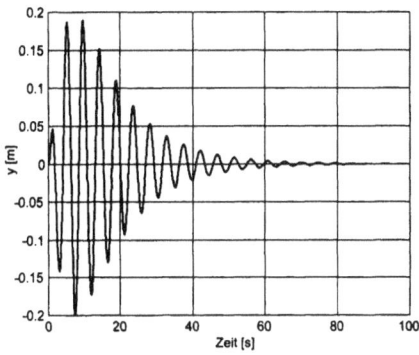

Abb. 3.44: *Bewegung des Tilgers*

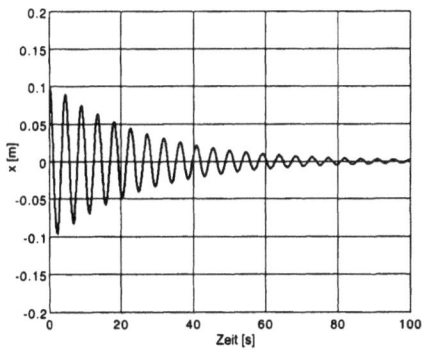

Abb. 3.45: *Gedämpfte Schwingung der Hauptmasse mit zu großer Dämpferkonstante*

3.8   Doppelpendel

Abb. 3.46 zeigt ein Doppelpendel, das freie Schwingungen ausführt. Das erste Pendel ist
am Punkt A drehbar befestigt. Das zweite Pendel ist am Ende des ersten Pendels mit
diesem drehbar verbunden. Beide Lager sind reibungsfrei angenommen. Eine Luftrei-
bung wird ebenfalls vernachlässigt. Die Pendellängen sind l_1, l_2. s_1 und s_2 sind die
Abstände der Schwerpunkte zum jeweiligen Drehlager. Die Pendelbewegungen werden
durch die Winkel φ_1 und φ_2 beschrieben.

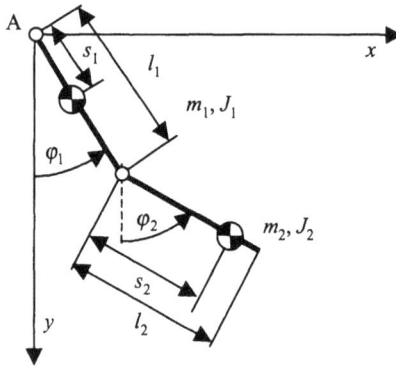

***Abb. 3.46:** Doppelpendel*

Zahlenwerte:

l_1	$= 0{,}2$ m	Länge des ersten Pendels
l_2	$= 0{,}2$ m	Länge des zweiten Pendels
s_1	$= 0{,}1$ m	Schwerpunktabstand beim ersten Pendel
s_2	$= 0{,}1$ m	Schwerpunktabstand beim zweiten Pendel
m_1	$= 0{,}0295$ kg	Masse des ersten Pendels
m_2	$= 0{,}0295$ kg	Masse des zweiten Pendels
J_1	$= 9{,}8175 \cdot 10^{-5}$ kgm^2	Massenträgheitsmoment des ersten Pendels
J_2	$= 9{,}8175 \cdot 10^{-5}$ kgm^2	Massenträgheitsmoment des zweiten Pendels
$\varphi_1(0) = 0$		Anfangsbedingung
$\dot{\varphi}_1(0) = 0$		Anfangsbedingung
$\varphi_2(0) = \pi/2$		Anfangsbedingung
$\dot{\varphi}_2(0) = 0$		Anfangsbedingung

3.8.1   Aufstellen der Bewegungsgleichung

Zum Aufstellen der Bewegungsgleichungen wird hier nicht das Prinzip von d'Alembert
verwendet, weil es auch die Schnittkräfte liefert, die für die Pendelbewegung nicht ge-
braucht werden. Mit Hilfe der Lagrangeschen Gleichungen können die Bewegungsgleichungen für holonome Systeme aufgestellt werden.

Die Lage eines Systems mit n Freiheitsgraden ist durch die Angabe von n so genannten verallgemeinerten oder generalisierten Koordinaten $q_1, ..., q_n$ festgelegt. Die generalisierten Koordinaten sind hier die Winkel φ_1 und φ_2. Für ein holonomes System ist die Lagrangesche Funktion L

$$L = E - U \tag{3.60}$$

eine Funktion der generalisierten Koordinaten q_k und ihrer ersten Ableitungen $\dot{q}_k$. E ist die kinetische Energie und U ist die potenzielle Energie. L heißt auch kinetisches Potential.

Die Lagrangeschen Gleichungen 2. Art lauten

$$\frac{d}{dt}\left(\frac{\partial L}{\partial \dot{q}_k}\right) - \frac{\partial L}{\partial q_k} = 0, k = 1,\ 2 \ldots, n \tag{3.61}$$

Die kinetische Energie des Pendelsystems setzt sich zusammen aus der Energie für die Translationsbewegung und der Energie für die Rotationsbewegung.

$$E = \frac{1}{2}m_1 \cdot \left(\dot{x}_1^2 + \dot{y}_1^2\right) + \frac{1}{2}J_1 \cdot \dot{\varphi}_1^2 + \frac{1}{2}m_2 \cdot \left(\dot{x}_2^2 + \dot{y}_2^2\right) + \frac{1}{2}J_2 \cdot \dot{\varphi}_2^2 \tag{3.62}$$

Legt man das Nullniveau in den Drehpunkt A, dann ist die potentielle Energie des Systems

$$U = -m_1 \cdot g \cdot s_1 \cdot \cos\varphi_1 - m_2 \cdot g \cdot (l_1 \cdot \cos\varphi_1 + s_2 \cdot \cos\varphi_2) \tag{3.63}$$

Die kinematischen Beziehungen sind

$$x_1 = s_1 \cdot \sin\varphi_1 \tag{3.64}$$

$$y_1 = s_1 \cdot \cos\varphi_1 \tag{3.65}$$

$$x_2 = l_1 \cdot \sin\varphi_1 + s_2 \cdot \sin\varphi_2 \tag{3.66}$$

$$y_2 = l_1 \cdot \cos\varphi_1 + s_2 \cdot \cos\varphi_2 \tag{3.67}$$

In (3.62) benötigt man die Geschwindigkeiten, also müssen (3.64), (3.65), (3.66) und (3.67) noch nach der Zeit abgeleitet werden.

$$\dot{x}_1 = s_1 \cdot \dot{\varphi}_1 \cdot \cos\varphi_1 \tag{3.68}$$

$$\dot{y}_1 = -s_1 \cdot \dot{\varphi}_1 \cdot \sin\varphi_1 \tag{3.69}$$

$$\dot{x}_2 = l_1 \cdot \dot{\varphi}_1 \cdot \cos\varphi_1 + s_2 \cdot \dot{\varphi}_2 \cdot \cos\varphi_2 \tag{3.70}$$

$$\dot{y}_2 = -l_1 \cdot \dot{\varphi}_1 \cdot \sin\varphi_1 - s_2 \cdot \dot{\varphi}_2 \cdot \sin\varphi_2 \tag{3.71}$$

Der erste und dritte Summand in (3.62) sind dann

$$\frac{1}{2}m_1 \cdot \left(\dot{x}_1^2 + \dot{y}_1^2\right) = \frac{1}{2}m_1 \cdot s_1^2 \cdot \dot{\varphi}_1^2 \cdot \cos^2\varphi_1 + \frac{1}{2}m_1 \cdot s_1^2 \cdot \dot{\varphi}_1^2 \cdot \sin^2\varphi_1 \tag{3.72}$$

$$= \frac{1}{2}m_1 \cdot s_1^2 \cdot \dot{\varphi}_1^2$$

$$\frac{1}{2} \, m_2 \cdot \left(\dot{x}_2^2 + \dot{y}_2^2 \right) \tag{3.73}$$

$$= \frac{1}{2} m_2 \cdot \left[l_1^2 \cdot \dot{\varphi}_1^2 + s_2^2 \cdot \dot{\varphi}_2^2 + 2 l_1 s_2 \cdot \dot{\varphi}_1 \cdot \dot{\varphi}_2 \left(\sin \varphi_1 \sin \varphi_2 + \cos \varphi_1 \cos \varphi_2 \right) \right]$$

$$= \frac{1}{2} m_2 \cdot \left[l_1^2 \cdot \dot{\varphi}_1^2 + s_2^2 \cdot \dot{\varphi}_2^2 + 2 l_1 s_2 \cdot \dot{\varphi}_1 \cdot \dot{\varphi}_2 \cos \left(\varphi_1 - \varphi_2 \right) \right]$$

Die Lagrange-Funktion ist

$$L = E - U \tag{3.74}$$

$$= \frac{1}{2} m_1 \cdot s_1^2 \cdot \dot{\varphi}_1^2 + \frac{1}{2} J_1 \cdot \dot{\varphi}_1^2$$

$$+ \frac{1}{2} m_2 \cdot \left[l_1^2 \cdot \dot{\varphi}_1^2 + s_2^2 \cdot \dot{\varphi}_2^2 + 2 l_1 s_2 \cdot \dot{\varphi}_1 \cdot \dot{\varphi}_2 \cos \left(\varphi_1 - \varphi_2 \right) \right]$$

$$+ \frac{1}{2} J_2 \cdot \dot{\varphi}_2^2 + m_1 \cdot g \cdot s_1 \cdot \cos \varphi_1 + m_2 \cdot g \cdot \left(l_1 \cdot \cos \varphi_1 + s_2 \cdot \cos \varphi_2 \right)$$

Die Bewegungsgleichungen werden nun mit den Lagrangeschen Gleichungen 2. Art aufgestellt.

$$\frac{d}{dt} \left(\frac{\partial L}{\partial \dot{\varphi}_1} \right) - \frac{\partial L}{\partial \varphi_1} = 0 \tag{3.75}$$

$$\frac{d}{dt} \left(\frac{\partial L}{\partial \dot{\varphi}_2} \right) - \frac{\partial L}{\partial \varphi_2} = 0 \tag{3.76}$$

Die Ableitung der Lagrange-Funktion nach der Winkelgeschwindigkeit $\dot{\varphi}_1$ ergibt

$$\frac{\partial L}{\partial \dot{\varphi}_1} = m_1 \cdot s_1^2 \cdot \dot{\varphi}_1 + J_1 \cdot \dot{\varphi}_1 + m_2 \cdot \left[l_1^2 \cdot \dot{\varphi}_1 + l_1 \cdot s_2 \cdot \dot{\varphi}_2 \cdot \cos \left(\varphi_1 - \varphi_2 \right) \right] \tag{3.77}$$

und die weitere Zeitableitung führt auf

$$\frac{d}{dt} \left(\frac{\partial L}{\partial \dot{\varphi}_1} \right) = m_1 \cdot s_1^2 \cdot \ddot{\varphi}_1 + J_1 \cdot \ddot{\varphi}_1 + m_2 \cdot l_1^2 \cdot \ddot{\varphi}_1 + l_1 \cdot s_2 \cdot \ddot{\varphi}_2 \cdot \tag{3.78}$$

$$\cos \left(\varphi_1 - \varphi_2 \right) - l_1 \cdot s_2 \cdot \dot{\varphi}_2 (\dot{\varphi}_1 - \dot{\varphi}_2) - \sin(\varphi_1 - \varphi_2)$$

Der zweite Term in Gleichung (3.75) ergibt

$$\frac{\partial L}{\partial \varphi_1} = -m_2 \cdot l_1 \cdot s_2 \cdot \dot{\varphi}_1 \cdot \dot{\varphi}_2 \sin \left(\varphi_1 - \varphi_2 \right) \tag{3.79}$$

$$- m_1 \cdot g \cdot s_1 \cdot \sin \varphi_1 - m_2 \cdot g \cdot l_1 \cdot \sin \varphi_1$$

Die Ableitung der Lagrange-Funktion nach der Winkelgeschwindigkeit $\dot{\varphi}_2$ ergibt

$$\frac{\partial L}{\partial \dot{\varphi}_2} = m_2 \cdot s_2^2 \cdot \dot{\varphi}_2 + J_2 \cdot \dot{\varphi}_2 + m_2 \cdot l_1 \cdot s_2 \cdot \dot{\varphi}_1 \cdot \cos\left(\varphi_1 - \varphi_2\right) \qquad (3.80)$$

und die weitere Zeitableitung führt auf

$$\frac{d}{dt}\left(\frac{\partial L}{\partial \dot{\varphi}_2}\right) = m_2 \cdot s_2^2 \cdot \ddot{\varphi}_2 + J_2 \cdot \ddot{\varphi}_2 + m_2 \cdot l_1 \cdot s_2 \cdot \ddot{\varphi}_1 \cdot \cos\left(\varphi_1 - \varphi_2\right) \quad (3.81)$$
$$- m_2 \cdot l_1 \cdot s_2 \cdot \dot{\varphi}_1 \cdot (\dot{\varphi}_1 - \dot{\varphi}_2) \cdot \sin\left(\varphi_1 - \varphi_2\right)$$

Der zweite Term in Gleichung (3.76) ergibt

$$\frac{\partial L}{\partial \varphi_2} = m_2 \cdot l_1 \cdot s_2 \cdot \dot{\varphi}_1 \cdot \dot{\varphi}_2 \sin\left(\varphi_1 - \varphi_2\right) - m_2 \cdot g \cdot s_2 \cdot \sin\varphi_2 \qquad (3.82)$$

Mit (3.78) und (3.79) und (3.81) und (3.82) erhält man schließlich die beiden Bewegungsgleichungen.

$$\left(\frac{J_1}{m_1 \cdot l_1^2} + \frac{m_2}{m_1} + \frac{s_1^2}{l_1^2}\right) \cdot \ddot{\varphi}_1 + \frac{m_2 \cdot s_2}{m_1 \cdot l_1} \cdot \cos\left(\varphi_1 - \varphi_2\right) \cdot \ddot{\varphi}_2 \qquad (3.83)$$
$$+ \frac{m_2 \cdot s_2}{m_1 \cdot l_1} \cdot \dot{\varphi}_2^2 \cdot \sin\left(\varphi_1 - \varphi_2\right) + \left(\frac{s_1}{l_1} + \frac{m_2}{m_1}\right) \cdot \frac{g}{l_1} \sin\varphi_1 = 0$$

$$\frac{m_2 \cdot s_2}{m_1 \cdot l_1} \cdot \cos\left(\varphi_1 - \varphi_2\right) \cdot \ddot{\varphi}_1 + \left(\frac{J_2}{m_1 \cdot l_1^2} + \frac{m_2 \cdot s_2^2}{m_1 \cdot l_1^2}\right) \cdot \ddot{\varphi}_2 \qquad (3.84)$$
$$- \frac{m_2 \cdot s_2}{m_1 \cdot l_1} \cdot \dot{\varphi}_1^2 \cdot \sin\left(\varphi_1 - \varphi_2\right) + \frac{m_2 \cdot g \cdot s_2}{m_1 \cdot l_1^2} \cdot \sin\varphi_1 = 0$$

Zur besseren Übersicht werden die Abkürzungen

$$a_{11} = \left(\frac{J_1}{m_1 \cdot l_1^2} + \frac{m_2}{m_1} + \frac{s_1^2}{l_1^2}\right) \qquad (3.85)$$

$$a_{12} = \frac{m_2 \cdot s_2}{m_1 \cdot l_1} \cdot \cos\left(\varphi_1 - \varphi_2\right) \qquad (3.86)$$

$$b_1 = \frac{m_2 \cdot s_2}{m_1 \cdot l_1} \cdot \dot{\varphi}_2^2 \cdot \sin\left(\varphi_1 - \varphi_2\right) + \left(\frac{s_1}{l_1} + \frac{m_2}{m_1}\right) \cdot \frac{g}{l_1} \sin\varphi_1 \qquad (3.87)$$

$$a_{22} = \left(\frac{J_2}{m_1 \cdot l_1^2} + \frac{m_2 \cdot s_2^2}{m_1 \cdot l_1^2}\right) \qquad (3.88)$$

$$b_2 = -\frac{m_2 \cdot s_2}{m_1 \cdot l_1} \cdot \dot{\varphi}_1^2 \cdot \sin(\varphi_1 - \varphi_2) + \frac{m_2 \cdot g \cdot s_2}{m_1 \cdot l_1^2} \cdot \sin\varphi_1 \qquad (3.89)$$

eingeführt. Die Bewegungsgleichungen sind damit

$$a_{11} \cdot \ddot{\varphi}_1 + a_{12} \cdot \ddot{\varphi}_2 + b_1 = 0 \qquad (3.90)$$

$$a_{12} \cdot \ddot{\varphi}_1 + a_{22} \cdot \ddot{\varphi}_2 + b_2 = 0 \qquad (3.91)$$

3.8.2 Simulation

Zum Aufstellen des Blockschaltbildes löst man Gleichung (3.90) nach $\ddot{\varphi}_1$ auf und (3.91) nach $\ddot{\varphi}_2$ auf. Die zweifache Integration der Beschleunigungen liefert die Pendelwinkel. Die Anfangsbedingungen sind alle null, bis auf die Anfangsauslenkung des zweiten Pendels. Die Pendelwinkel und die Winkelgeschwindigkeiten werden mit dem Multiplexer-Block *Mux* zusammengefasst. Die Funktionsblöcke *b*1, *a*12 und *b*2 berechnen die gleichnamigen Abkürzungen (s. Abb. 3.47).

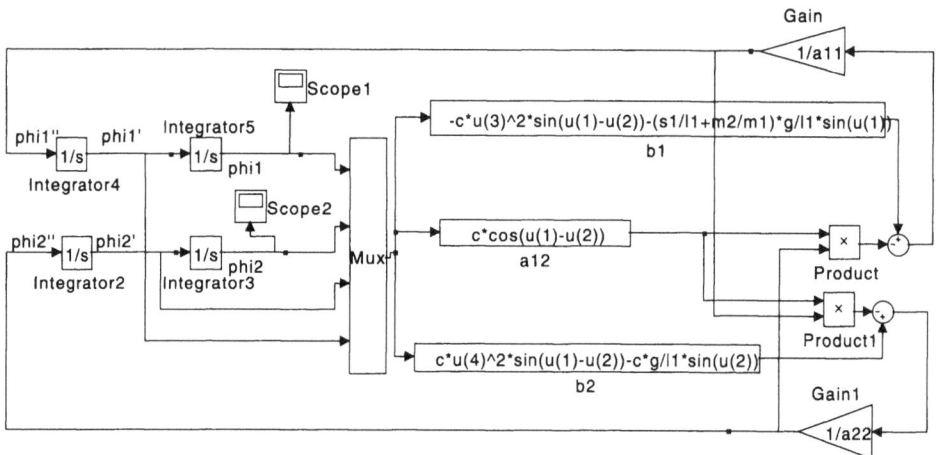

Abb. 3.47: *Blockschaltbild (doppelpendel.mdl)*

Mit Hilfe der Produkt-Blöcke *Product* und *Product1* erfolgt die Multiplikation mit den Beschleunigungen. Es entsteht allerdings eine algebraische Schleife, die für MATLAB aber kein Problem darstellt. Es wird lediglich eine Warnmeldung ausgegeben. Abb. 3.48 zeigt das Ergebnis der Simulation mit den Anfangsbedingungen $\varphi_1 = \dot{\varphi}_1 = \dot{\varphi}_2 = 0$, $\varphi_2 = \pi/2$.

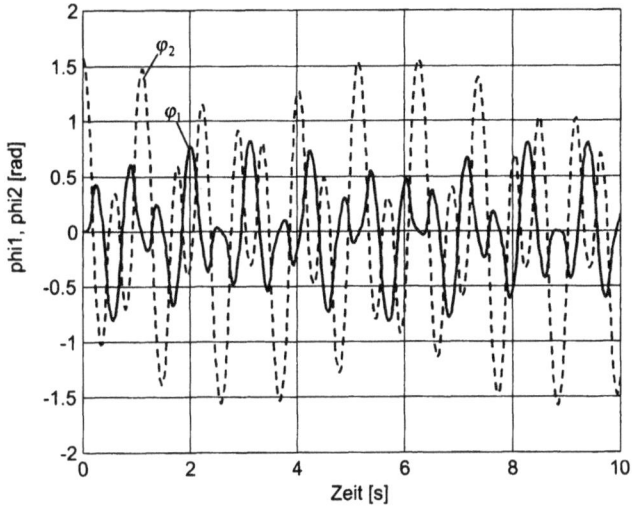

Abb. 3.48: Pendelwinkel

4 Hydrodynamische Systeme

4.1 Füllen eines kegelförmigen Behälters

Abb. 4.1 zeigt einen kegelförmigen Behälter mit einem Öffnungswinkel α. Das Abfluss-rohr hat einen freien Querschnitt A_R. Über den Zulauf strömt eine Flüssigkeit mit dem Volumenstrom $\dot{V}_{zu}$ in den zunächst leeren Behälter. Der Füllstand h steigt so lange an, bis sich ein Gleichgewicht einstellt, d. h., der zufließende Volumenstrom ist in diesem Zustand gleich dem abfließenden Volumenstrom.

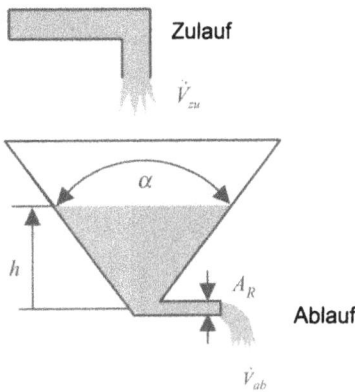

Abb. 4.1: *Kegelförmiger Behälter mit Zu- und Abfluss*

Zahlenwerte:

α	$= 60$ °	Öffnungswinkel des kegelförmigen Behälters
$\dot{V}_{zu}$	$= 20 \ \mathrm{m}^3/\mathrm{h}$	zufließender Volumenstrom
A_R	$= 12 \ \mathrm{cm}^2$	Öffnungsquerschnitt des Abflussrohres
g	$= 9{,}81 \ \mathrm{m/s}^2$	Erdbeschleunigung

4.1.1 Aufstellen der Differenzialgleichung

Zur Aufstellung der Differenzialgleichung wird eine Volumenbilanz für den Behälter erstellt.

$$\dot{V}_{zu} - \dot{V}_{ab} = \frac{dV}{dt} \qquad (4.1)$$

In Worten: Die Differenz zwischen dem zufließenden Volumenstrom $\dot{V}_{zu}$ und dem abfließenden Volumenstrom $\dot{V}_{ab}$ führt zu einer zeitlichen Änderung des Flüssigkeitsvolumens $\frac{dV}{dt}$ im Behälter. Der abfließende Volumenstrom ist das Produkt aus der über dem Rohrquerschnitt gemittelten Strömungsgeschwindigkeit v und dem Rohrquerschnitt A_R.

$$\dot{V}_{ab} = v \cdot A_R \tag{4.2}$$

Die Strömungsgeschwindigkeit erhält man unter der Annahme einer reibungsfreien, eindimensionalen Strömung aus der Bernoulli-Gleichung. Hierzu legt man den Punkt 1 auf die Flüssigkeitsoberfläche und den Punkt 2 in die Austrittsöffnung des Abflussrohres (s. Abb. 4.2).

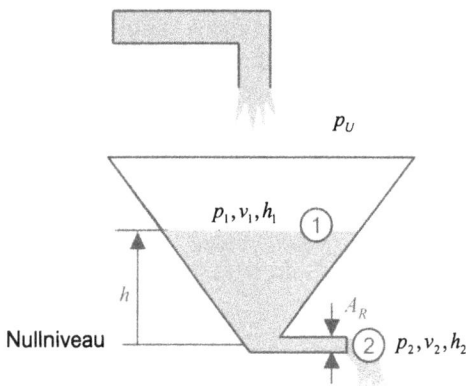

Abb. 4.2: *Bezugspunkte für Bernoulli-Gleichung*

Die Bernoulli-Gleichung besagt, dass die Summe aus dem statischen Druck $p + \rho \cdot g \cdot h$ und dem dynamischen Druck $\frac{\rho}{2}v^2$ entlang des Stromfadens konstant ist.

$$p_1 + \rho \cdot g \cdot h_1 + \frac{\rho}{2}v_1^2 = p_2 + \rho \cdot g \cdot h_2 + \frac{\rho}{2}v_2^2 \tag{4.3}$$

Der Druck p_1 ist gleich dem Umgebungsdruck p_U, da der Behälter oben offen ist. Die Höhe h_1 ist gleich der aktuellen Füllstandshöhe h. Die Geschwindigkeit v_1 ist ungefähr gleich null, da es sich um eine relativ große, freie Oberfläche handelt. Im Punkt 2 fließt die Flüssigkeit in die freie Atmosphäre (Freistrahl), d. h., der Umgebungsdruck wird dem Freistrahl als statischer Druck aufgeprägt ($p_2 = p_1$). Die Höhe h_2 ist null, da sich dort das Nullniveau befindet. Aus Gleichung (4.3) lässt sich nun die gesuchte Strömungsgeschwindigkeit im Rohrquerschnitt berechnen.

$$v = v_2 = \sqrt{2 \cdot g \cdot h} \tag{4.4}$$

(4.4) ist die Ausflussformel nach Torricelli. Das Flüssigkeitsvolumen im Behälter ist

$$V = \frac{1}{3}\pi \cdot r^2 \cdot h \tag{4.5}$$

Der Radius r des Behälters in der Höhe h ist

$$r = h \cdot \tan \frac{\alpha}{2} = \frac{h}{\sqrt{3}} \tag{4.6}$$

Damit ist das Flüssigkeitsvolumen im Behälter

$$V = \frac{\pi \cdot h^3}{9} \tag{4.7}$$

In Gleichung (4.1) benötigt man die Ableitung von (4.7) nach der Zeit.

$$\frac{dV}{dt} = \frac{\pi}{3} \cdot h^2 \cdot \dot{h} \tag{4.8}$$

(4.4) und (4.8) in (4.1) eingesetzt ergibt

$$\dot{V}_{zu} - \sqrt{2 \cdot g \cdot h} \cdot A_R = \frac{\pi}{3} \cdot h^2 \cdot \dot{h} \tag{4.9}$$

Bei (4.9) handelt es sich um eine nichtlineare Differenzialgleichung erster Ordnung. Die stationäre Füllstandshöhe h_{stat}, die sich bei einem konstanten Zufluss einstellt, lässt sich sofort berechnen. Dann ist nämlich $h = \text{const.}$ und damit ist $\dot{h} = 0$.

$$h_{stat} = \frac{\dot{V}_{zu}}{2 \cdot g \cdot A_R^2} = 1,1 \, \text{m} \tag{4.10}$$

4.1.2   Simulation

Für den Aufbau des Blockschaltbildes wird die Differenzialgleichung (4.9) nach $\dot{h}$ aufgelöst

$$\dot{h} = \frac{\dot{V}_{zu} - \sqrt{2 \cdot g \cdot h} \cdot A_R}{\frac{\pi}{3} \cdot h^2} \tag{4.11}$$

und es wird die rechte Seite aufgebaut (s. Abb. 4.3).

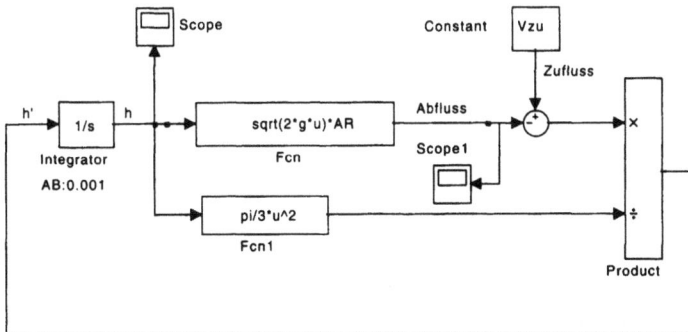

Abb. 4.3: Blockschaltbild (kegelbehaelter.mdl)

Der Block *Product* teilt den oberen Eingang durch den unteren. Im Nenner von (4.11) steht die Höhe h. Das bedeutet, dass die Simulation nicht mit der Anfangsbedingung $h(0) = 0$ m beginnen kann. Aus diesem Grunde muss der Block *Integrator* mit einem kleinen Wert, z. B. 0,001 initialisiert werden, um eine Division durch null zu vermeiden.

Abb. 4.4 zeigt den Füllstand im Behälter als Funktion der Zeit für verschiedene Anfangsbedingungen. Der zufließende Volumenstrom ist konstant (20 m³/h). Man erkennt, dass der Füllstand für den leeren Behälter ($h(0) = 0$ m) zu Beginn sehr schnell ansteigt. Die Anstiegsgeschwindigkeit wird jedoch immer kleiner, weil die Fläche im Kegel mit zunehmender Höhe immer größer wird. Erst nach 2500 s wird der stationäre Endwert erreicht. Hat der Behälter zu Beginn bereits einen Füllstand von 1,3 m, so sinkt der Füllstand sofort ab, weil der abfließende Volumenstrom größer ist als 20 m³/h (s. Abb. 4.5).

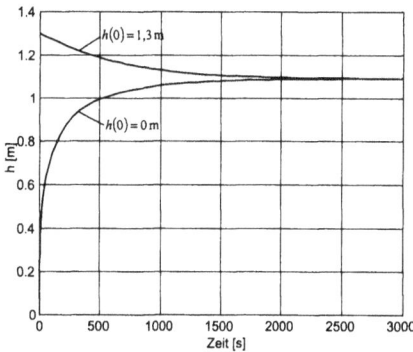

Abb. 4.4: Füllstandshöhe für verschiedene Anfangshöhen

Abb. 4.5 zeigt den Behälterabfluss. $\dot{V}_{ab}$ ist gemäß Gleichung (4.2) in Verbindung mit (4.4) proportional zur Wurzel aus der Füllstandshöhe.

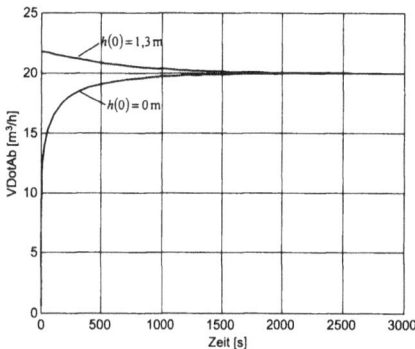

Abb. 4.5: Abfließender Volumenstrom für verschiedene Anfangshöhen

Nach 2500 s ist der abfließende Volumenstrom gleich dem zufließenden. D. h., die Höhenänderung ist null und der Füllstand bleibt konstant.

4.2 Industriestoßdämpfer

Abb. 4.6 zeigt einen Stoßdämpfer, wie er in der Industrie zum Abbremsen bewegter Massen eingesetzt wird.

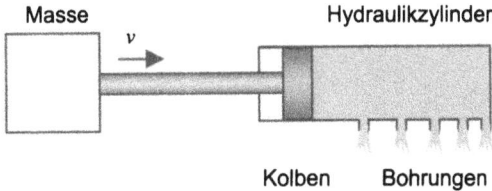

Abb. 4.6: *Industriestoßdämpfer*

Die abzubremsende Masse bewegt sich zunächst mit der Geschwindigkeit v_0 nach rechts und drückt auf den Kolben eines Hydraulikzylinders. Der Kolben taucht in den Zylinder ein und verdrängt das darin befindliche Hydrauliköl über die Abströmbohrungen. Der sich aufbauende Zylinderinnendruck führt dazu, dass der Kolben eine Bremskraft erfährt und die Masse abbremst. Mit fortschreitender Bewegung des Kolbens nach rechts und damit abnehmender Geschwindigkeit, bleiben immer weniger Bohrungen frei, durch die das Hydrauliköl abströmen kann. Durch eine geeignete Wahl der Bohrungsabstände kann eine konstante Verzögerung erreicht werden. Nach Abschluss des Bremsvorganges wird der Kolben mit einer nicht dargestellten Feder wieder zurückgeschoben und der Zylinder füllt sich erneut.

Zahlenwerte:

d_K	$= 2$ cm	Kolbendurchmesser
d_B	$= 2{,}8$ mm	Bohrungsdurchmesser
n	$= 7$	Anzahl der Bohrungen
m	$= 1$ kg	zu verzögernde Masse (Kolben und Klotz)
ζ	$= 0{,}5$	Widerstandsbeiwert der Bohrungen
ρ	$= 850$ kg/m^3	Dichte des Hydrauliköls
v_0	$= 3$ m/s	Anfangsgeschwindigkeit
p_U	$= 10^5$ Pa	Umgebungsdruck
F_R	$= 5$ N	Gleitreibungskraft zwischen Kolben und Zylinder

4.2.1 Aufstellen der Bewegungsgleichung

Zum Aufstellen der Bewegungsgleichung wird die Einheit Kolben und Klotz freigeschnitten und es werden die Kräfte eingetragen (s. Abb. 4.7).

Von rechts wirkt eine Druckkraft F_p auf den Kolben

$$F_p = (p_Z - p_U) \cdot A_K \tag{4.12}$$

p_Z ist der Zylinderinnendruck, p_U der Umgebungsdruck und A_K ist die Kolbenfläche.

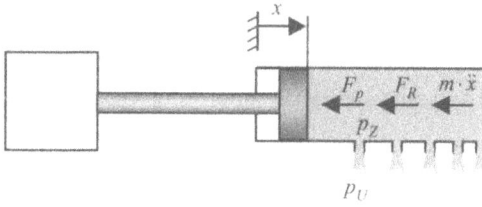

Abb. 4.7: *Freigeschnittener Kolben*

Des Weiteren wirkt eine vom Betrag der Geschwindigkeit unabhängige Gleitreibungskraft F_R. Diese entsteht durch die Reibung des Kolbens im Zylinder. Die d'Alembertsche Trägheitskraft $m \cdot \ddot{x}$ wird entgegen der positiven Richtung eingetragen. Die Koordinate zur Beschreibung der Translationsbewegung ist x. Das Kräftegleichgewicht in x-Richtung liefert die Bewegungsgleichung

$$-m \cdot \ddot{x} = F_R + (p_Z - p_U) \cdot A_K \tag{4.13}$$

Der mit der Geschwindigkeit $\dot{x}$ eintauchende Kolben verdrängt das Öl im Zylinder mit dem Volumenstrom $\dot{V}_{\text{Öl}}$ durch die Bohrungen.

$$\dot{V}_{\text{Öl}} = A_K \cdot \dot{x} = A_B \cdot v_B \tag{4.14}$$

Dabei ist A_B die gesamte Fläche aller n Bohrungen.

$$A_B = n \cdot \frac{\pi \cdot d_B^2}{4} \tag{4.15}$$

v_B ist die Austrittsgeschwindigkeit des Öls durch die Bohrungen, die sich mit Hilfe der Bernoulli-Gleichung berechnen lässt.

Unter der Annahme einer reibungsfreien, eindimensionalen Strömung legt man den Punkt 1 auf die Unterseite des Kolbens und den Punkt 2 in die Austrittsöffnung der Bohrung (s. Abb. 4.8).

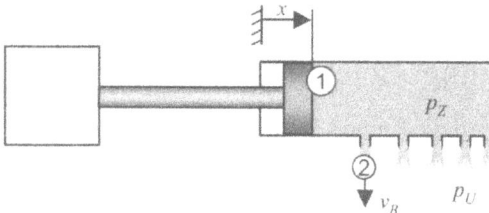

Abb. 4.8: *Bezugspunkte zur Bernoulli-Gleichung*

Die Bernoulli-Gleichung besagt, dass die Summe aus dem statischen Druck $p + \rho \cdot g \cdot h$ und dem dynamischen Druck $\frac{\rho}{2}v^2$ entlang des Stromfadens konstant ist.

$$p_1 + \rho \cdot g \cdot h_1 + \frac{\rho}{2}v_1^2 = p_2 + \rho \cdot g \cdot h_2 + \frac{\rho}{2}v_2^2 + \Delta p_V \tag{4.16}$$

Die rechte Seite von (4.3) wird noch um einen Term Δp_V ergänzt, um die Verluste beim Austritt des Öls durch die Bohrungen zu berücksichtigen. Der Druck p_1 ist gleich dem Zylinderinnendruck p_Z. Die Höhen h_1 und h_2 sind null, da der Zylinder horizontal angeordnet ist. Die Geschwindigkeit v_1 ist ungefähr gleich null, da es sich um eine zur Bohrungsfläche A_B relativ große Kolbenfläche handelt. Im Punkt 2 fließt die Flüssigkeit in die freie Atmosphäre (Freistrahl), d. h., der Umgebungsdruck wird dem Freistrahl als statischer Druck aufgeprägt ($p_2 = p_U$). Die Geschwindigkeit v_1 ist die gesuchte Ausströmgeschwindigkeit v_B. Durch die scharfkantige Bohrung entstehen in der Austrittsöffnung Verluste, die sich über

$$\Delta p_V = \zeta \cdot \frac{\rho}{2} \cdot v_B^2 \tag{4.17}$$

berechnen lassen. Aus den Gleichungen (4.3) und (4.17) lässt sich nun die gesuchte Strömungsgeschwindigkeit im Bohrungsquerschnitt berechnen.

$$v_B = \sqrt{\frac{2}{\rho \cdot (1 + \zeta)} \cdot (p_Z - p_U)} \tag{4.18}$$

Für den Überdruck im Zylinder erhält man mit (4.18) und (4.14)

$$p_Z - p_U = (1 + \zeta) \cdot \frac{\rho}{2} \cdot v_B^2 \tag{4.19}$$

$$= (1 + \zeta) \cdot \frac{\rho}{2} \cdot \frac{A_K^2}{A_B^2} \cdot \dot{x}^2$$

Setzt man Gleichung (4.19) in Gleichung (4.13) ein, so erhält man die Bewegungsgleichung für den Abbremsvorgang.

$$-m \cdot \ddot{x} = F_R + (1 + \zeta) \cdot \frac{\rho}{2} \cdot \frac{A_K^3}{A_B^2} \cdot \dot{x}^2 \tag{4.20}$$

Aus (4.20) kann nun die anfängliche Gesamtbohrungsfläche $A_{B,0}$ berechnet werden, wenn man z. B. eine Verzögerung von $\ddot{x} = -100\,\frac{m}{s^2}$ fordert.

$$A_{B,0} = (1 + \zeta) \cdot \frac{\rho}{2} \cdot \frac{A_K^3}{(-m \cdot \ddot{x} - F_R)} \cdot \dot{x}^2 = 4,3 \cdot 10^{-5}\,\mathrm{m^2} \tag{4.21}$$

Mit $n = 7$ Bohrungen erhält man schließlich einen Bohrungsdurchmesser von 2,8 mm.

4.2.2   Simulation zur Ermittlung des Bohrungsabstandes

Man hat zwar die Anzahl der Bohrungen und deren Durchmesser, aber der Bohrungsabstand muss noch so ermittelt werden, dass die gewünschte Verzögerung möglichst konstant ist.

Zum Aufbau des Blockschaltbildes löst man Gleichung (4.20) nach $\ddot{x}$ auf

$$\ddot{x} = \frac{F_R + (1+\zeta)\cdot\frac{\varrho}{2}\cdot\frac{A_K^3}{A_B^2}\cdot\dot{x}^2}{-m} \tag{4.22}$$

und baut die rechte Seite von (4.22) mit Integrierern und weiteren Blöcken auf (s. Abb. 4.9). Der erste Integrierer mit der Anfangsbedingung v_0 liefert die Geschwindigkeit und der zweite den Kolbenweg. Mit Hilfe der Funktionsblöcke *Fcn2* und *Product* wird die Druckkraft berechnet, zu der dann noch die Reibungskraft addiert wird. Für die Druckkraft ist die Kenntnis der Bohrungsfläche A_B erforderlich. Diese wird zunächst mit einem I-Regler (Blöcke *Gain2* und *Integrator2*) berechnet. Je nach Abweichung der Beschleunigung vom gewünschten Sollwert wird die Bohrungsfläche A_B vergrößert oder verkleinert. Der Anfangswert des Blockes *Integrator2* wird auf $A_{B,0}^2$ gesetzt, damit er gleich mit dem richtigen Startwert beginnt. Die untere Grenze dieses Integrierers wird auf 1/1000 des Startwertes begrenzt. Diese Begrenzung ist unbedingt erforderlich, damit nicht durch null dividiert wird. Mit dem Funktionsblock *Fcn3* wird die Simulation

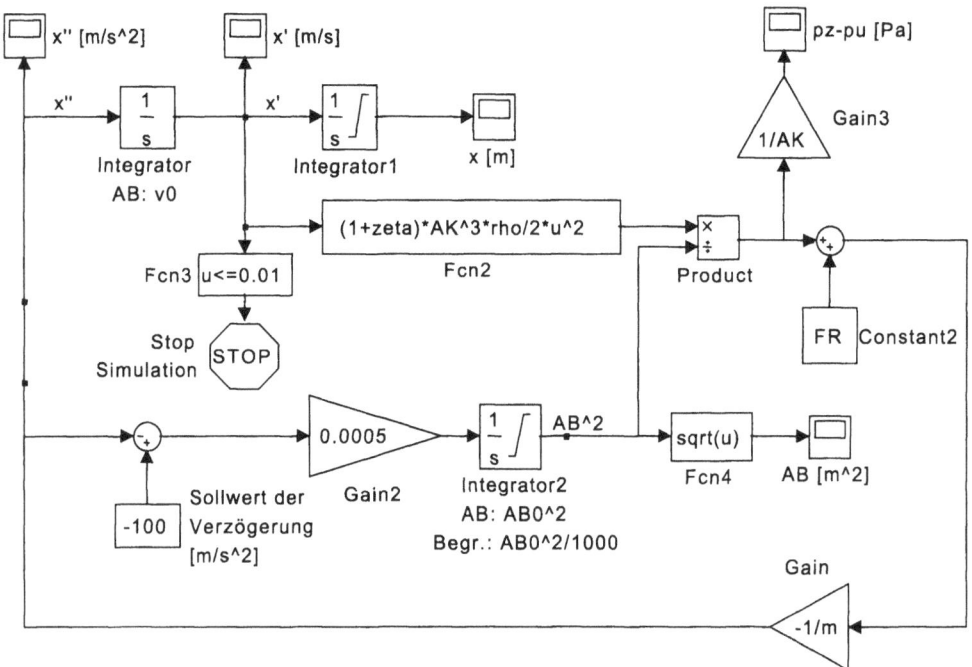

Abb. 4.9: *Blockschaltbild (stossdaempfer1.mdl)*

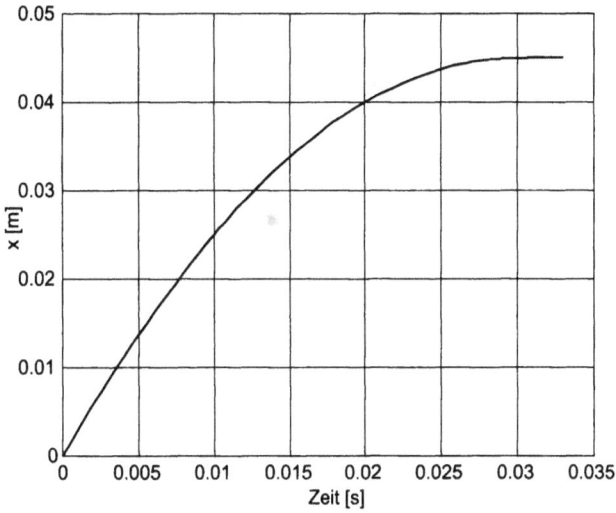

Abb. 4.10: *Bremsweg der Masse*

gestoppt, wenn die Geschwindigkeit kleiner als 0,01 m/s wird. Abb. 4.10, Abb. 4.11, Abb. 4.12 und Abb. 4.13 zeigen das Ergebnis der Simulation. Die vorgegebene Beschleunigung von -100 m/s^2 wird so lange eingehalten, wie der I-Regler die Bohrung verkleinern kann. Bei ca. 28 ms ist die Begrenzung erreicht. Um eine konstante Verzöge-

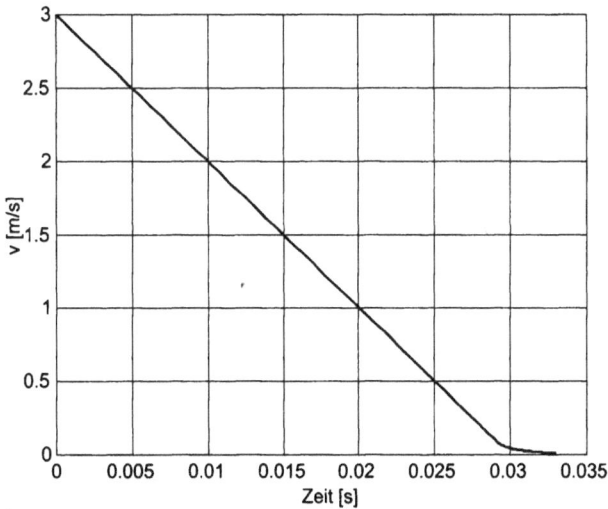

Abb. 4.11: *Geschwindigkeit der Masse*

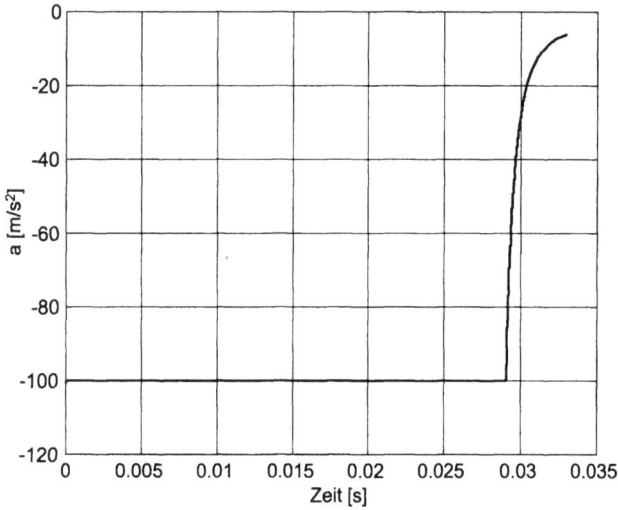

Abb. 4.12: *Verzögerung der Masse*

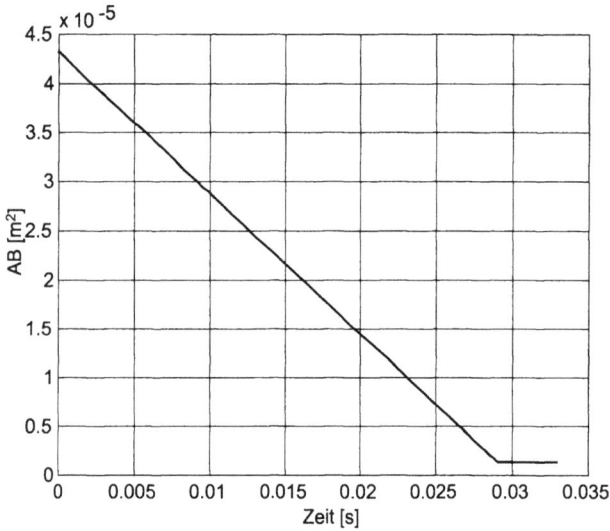

Abb. 4.13: *Gesamte Fläche der Bohrungen*

rung zu erreichen, muss gemäß Gleichung (4.22) das Verhältnis von Geschwindigkeit zu Bohrungsfläche konstant sein. Aus Abb. 4.11 und Abb. 4.13 erkennt man, dass dies auch der Fall ist. Für eine konstante Verzögerung muss gemäß Gleichung (4.13) der Zylinderinnendruck konstant sein. Dies ist auch hier der Fall (s. Abb. 4.14).

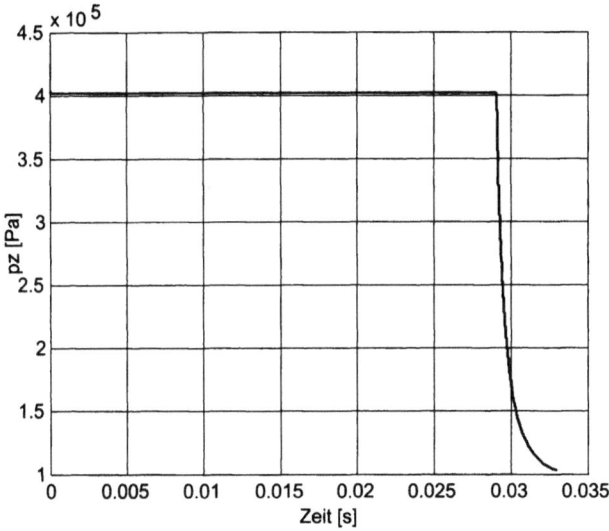

Abb. 4.14: *Zylinderinnendruck*

Plottet man nun die Bohrungsfläche als Funktion des Weges (s. Abb. 4.15), so kann man ablesen, in welchem Abstand die Bohrungen angeordnet werden müssen.

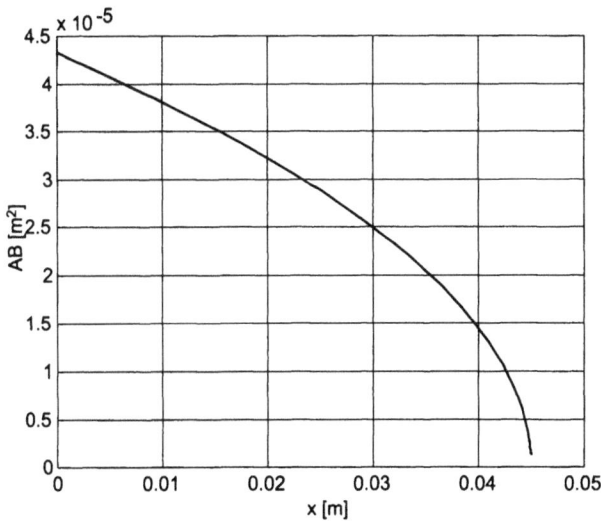

Abb. 4.15: *Bohrungsfläche als Funktion des Weges*

Wählt man sieben gleiche Bohrungen, so erhält man einen Bohrungsdurchmesser von 2,8 mm. Die Näherung durch eine Treppenfunktion zeigt Abb. 4.16. Der Verschluss einer Bohrung wird dabei über den Durchmesser vereinfacht als linear angenommen.

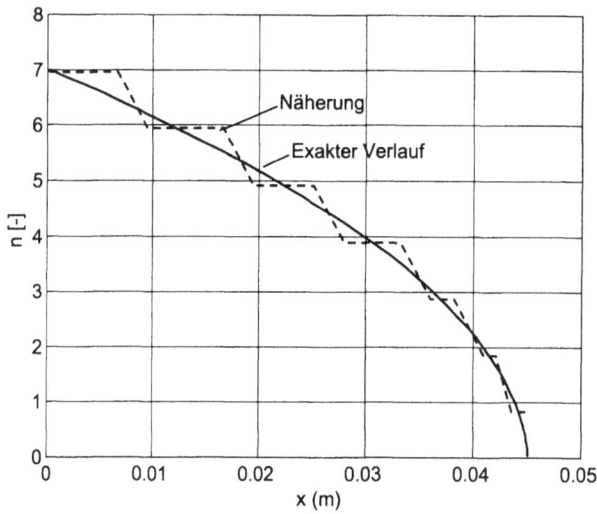

Abb. 4.16: *Anzahl der Bohrungen als Funktion des Bremsweges*

Tabelle 4.1: *Werte für Look-Up-Table*

n [-]	x [m]
7	0
7	0,0065
6	0,0093
6	0,0165
5	0,0193
5	0,0250
4	0,0278
4	0,0330
3	0,0358
3	0,0380
2	0,0408
2	0,0420
1	0,0434
1	0,0500

4.2.3 Simulation mit diskreten Bohrungen

Das Blockschaltbild kann nun modifiziert werden. Der Weg x ist die Eingangsgröße für die *Look-up-Table*, deren Werte der Tab. 4.1 entnommen werden. Die Ausgangsgröße ist die Anzahl der Bohrungen n, die dann mit der Fläche einer Bohrung im Block *Gain 1* multipliziert wird.

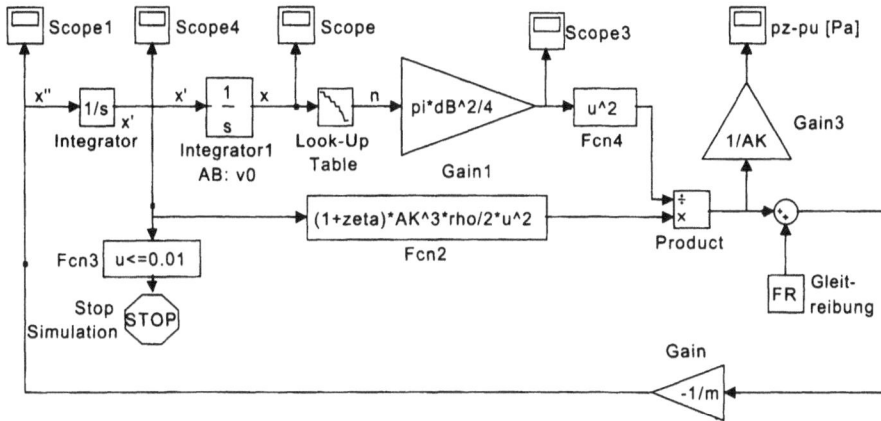

Abb. 4.17: *Blockschaltbild (stossdaempfer2.mdl)*

Abb. 4.18, Abb. 4.19 und Abb. 4.20 zeigen das Ergebnis der Simulation. Bedingt durch das Verschließen der Bohrungen durch den Kolben pendelt die Beschleunigung um den vorgegebenen Wert von -100 m/s^2. Dieses Verhalten lässt sich ebenfalls beim Zylinderinnendruck beobachten. Ab $t = 24 \; ms$ kann die Anzahl der Bohrungen nicht weiter reduziert werden (s. Abb. 4.20), so dass die Verzögerung betragsmäßig kleiner wird.

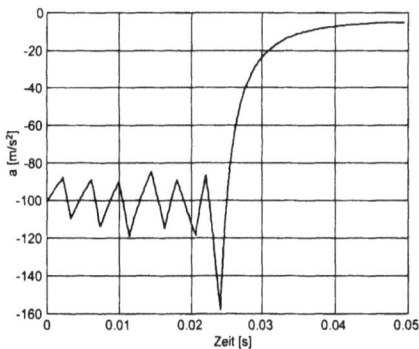

Abb. 4.18: *Verzögerung der Masse*

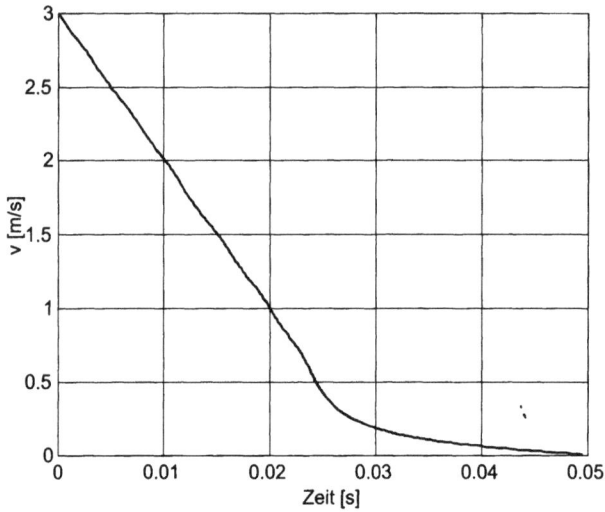

Abb. 4.19: Geschwindigkeit der Masse

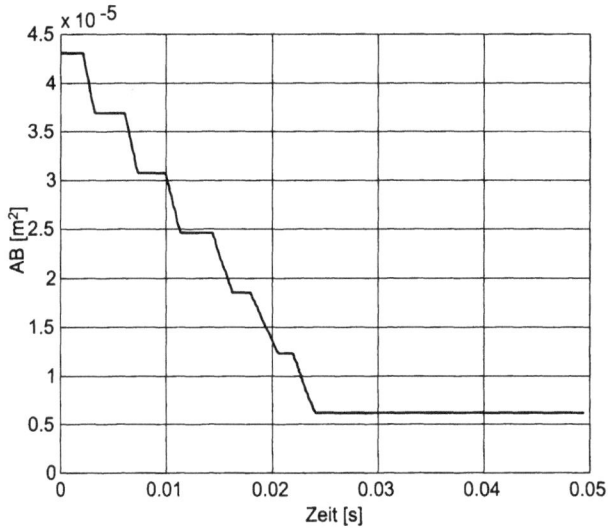

Abb. 4.20: Gesamte Fläche der Bohrungen

4.3 Füllstandsregelung eines Viertanksystems

Abb. 4.21 zeigt vier gleichartige, oben offene Röhren, die über Handventile miteinander verbunden sind. Die Drosselquerschnitte $A_{i,j}$ lassen sich durch Drehen der Handventile auf bestimmte Werte einstellen. Die Aufgabe besteht darin, den Füllstand in der letzten Röhre unabhängig vom Abfluss auf einen konstanten Sollwert zu regeln. Hierzu wird der Füllstand h_4 in der letzten Röhre gemessen, mit dem Sollwert verglichen und einem Regler zugeführt. Der Regler gibt eine Spannung als Steuergröße aus. Ein nachgeschalteter Leistungsverstärker steuert einen Gleichstrommotor an. Der Motor treibt über eine Welle die drehzahlvariable Kreiselpumpe an, die die Flüssigkeit in die Röhre 1 pumpt.

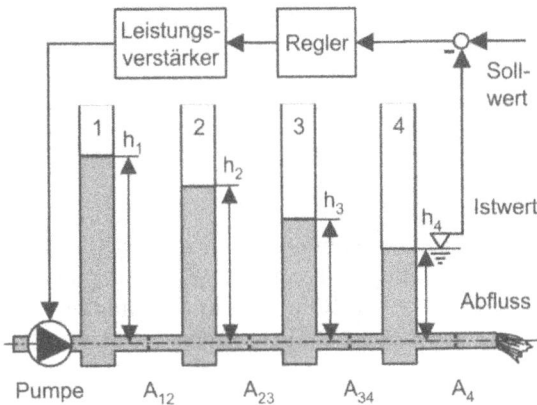

Abb. 4.21: *Viertanksystem [11]*

Zahlenwerte:

A	$= 0{,}00278 \ \mathrm{m}^2$	Querschnittsfläche der Röhren
$\mu_{1,2} \cdot A_{1,2}$	$= 18{,}54 \ \mathrm{mm}^2$	wirksamer Drosselquerschnitt zwischen Röhre 1 und 2
$\mu_{2,3} \cdot A_{2,3}$	$= 17{,}5 \ \mathrm{mm}^2$	wirksamer Drosselquerschnitt zwischen Röhre 2 und 3
$\mu_{3,4} \cdot A_{3,4}$	$= 18{,}75 \ \mathrm{mm}^2$	wirksamer Drosselquerschnitt zwischen Röhre 3 und 4
$\mu_4 \cdot A_4$	$= 13{,}44 \ \mathrm{mm}^2$	wirksamer Drosselquerschnitt zwischen Röhre 4 und Umgebung
g	$= 9{,}81 \ \mathrm{m/s}^2$	Erdbeschleunigung
$h_{i,max}$	$= 0{,}367 \ \mathrm{m}$	maximale Füllstandshöhe der i-ten Röhre

4.3.1 Ermittlung des Pumpenkennfeldes

Die Kreiselpumpe saugt das Wasser immer mit einem konstanten Vordruck an. Der geförderte Volumenstrom $\dot{V}$ kann dann über die Pumpenspannung u variiert werden. Da der Gegendruck mit der Füllstandshöhe h_1 in der ersten Röhre ansteigt, ergibt sich ein Pumpenkennfeld mit dieser Füllstandshöhe h_1 als Parameter.

$$\dot{V} = f(u, h_1) \tag{4.23}$$

Abb. 4.22 zeigt die gemessenen Kennlinien. In dem m-File pumpenKL.m sind die Zahlenwerte zu finden.

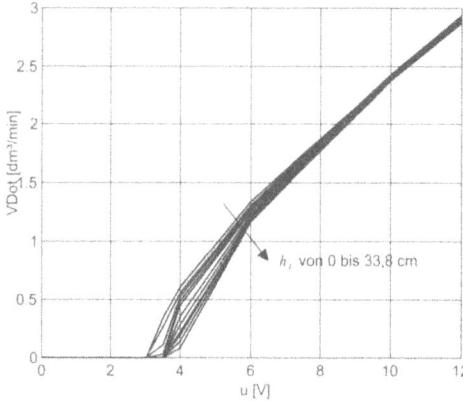

Abb. 4.22: *Pumpenkennfeld*

Bis zu einer Pumpenspannung von ca. 3 V ist der Volumenstrom null, weil sich aufgrund der Haftreibung das Pumpenrad nicht dreht. Bei konstanter Spannung sinkt der Volumenstrom mit zunehmender Füllstandshöhe h_1 in Röhre 1. Für die Simulation mit Simulink kann das Kennfeld mit Hilfe einer 2D-Look-Up-Table nachgebildet werden.

4.3.2   Aufstellen der Differenzialgleichungen

Zum Aufstellen der Differenzialgleichungen führt man eine Volumenbilanz durch. Diese lautet für eine Röhre:

Die Differenz zwischen dem zufließenden Volumenstrom $\dot{V}_{zu}$ und dem abfließenden Volumenstrom $\dot{V}_{ab}$ führt zu einer zeitlichen Änderung des Flüssigkeitsvolumens $\frac{dV}{dt}$ in der Röhre. Mathematisch ausgedrückt erhält man folgende Gleichung

$$\dot{V}_{zu} - \dot{V}_{ab} = \frac{dV}{dt} \tag{4.24}$$

Das Flüssigkeitsvolumen in der Röhre ist

$$V = A \cdot h \tag{4.25}$$

V ist das Füllvolumen, A ist die Querschnittsfläche und h die Füllhöhe. Leitet man (4.25) nach der Zeit ab – die Querschnittsflächen sind konstant – und setzt die Ableitung in (4.24) ein, so erhält man

$$\dot{V}_{zu} - \dot{V}_{ab} = \frac{dV}{dt}$$
$$= A \cdot \dot{h} \tag{4.26}$$

Ist der zufließende Volumenstrom größer (kleiner) als der abfließende, dann ist $\dot{h}$ positiv (negativ), d. h. der Füllstand steigt (fällt). Sind beide Volumenströme gleich, dann ist $\dot{h} = 0$, d. h. der Füllstand bleibt konstant.

Der abfließende Volumenstrom aus Röhre i ist eine Funktion des Drosselquerschnittes $A_{i,i+1}$ und der Höhendifferenz der Füllstände beider Behälter (s. Abb. 4.23).

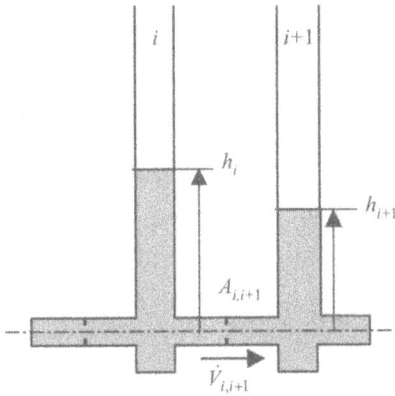

Abb. 4.23: *Torricelli-Formel*

Die Höhenabhängigkeit wird durch die Torricelli-Formel beschrieben. Die Ausfließgeschwindigkeit c aus einem Gefäß in die freie Atmosphäre ist proportional zur Wurzel aus der Füllstandshöhe. Im vorliegenden Fall fließt die Flüssigkeit in eine weitere Röhre mit einem geringeren Füllstand. Daher ist hier die Höhendifferenz maßgeblich. Für den Volumenstrom durch den Drosselquerschnitt $A_{i,i+1}$ ergibt sich

$$\dot{V}_{i,i+1} = A_{i,i+1} \cdot c_{i,i+1} \tag{4.27}$$
$$= A_{i,i+1} \cdot \sqrt{2 \cdot g \cdot (h_i - h_{i+1})}$$

In Wirklichkeit ist der Volumenstrom etwas geringer und muss noch mit der Ausflusszahl $\mu = \varphi \cdot \alpha$ korrigiert werden. Die Geschwindigkeitsziffer φ berücksichtigt die Flüssigkeitsreibung und die Kontraktionszahl α berücksichtigt die Strahleinschnürung. Gleichung (4.27) ergibt dann

$$\dot{V}_{i,i+1} = A_{i,i+1} \cdot \mu_{i,i+1} \cdot \sqrt{2 \cdot g \cdot (h_i - h_{i+1})} \tag{4.28}$$

Da der Volumenstrom nur von der i-ten Röhre in die $i+1$-te Röhre fließt, ist der Füllstand in der vorhergehenden Röhre immer höher als in der nachfolgenden. Aus diesem Grund kann die Wurzel in Gleichung (4.28) nicht negativ werden. Ansonsten müsste man von der Höhendifferenz den Betrag bilden und vor der Wurzel das Vorzeichen

(Signum-Funktion) der Höhendifferenz platzieren, um die Richtung zu erfassen (s. Gleichung (4.29)).

$$\dot{V}_{i,i+1} = A_{i,i+1} \cdot \mu_{i,i+1} \cdot sgn\,(h_i - h_{i+1}) \cdot \sqrt{2 \cdot g \cdot |h_i - h_{i+1}|} \qquad (4.29)$$

Für die letzte Röhre ergibt sich der Volumenstrom

$$\dot{V}_4 = A_4 \cdot \mu_4 \cdot \sqrt{2 \cdot g \cdot h_4} \qquad (4.30)$$

der in die freie Atmosphäre ausfließt. Für das Gesamtsystem, bestehend aus den vier Röhren und der Kreiselpumpe, ergeben sich damit die folgenden Differenzialgleichungen:

$$\text{Röhre 1}: \dot{V}\,(u, h_1) - A_{1,2} \cdot \mu_{1,2} \cdot \sqrt{2 \cdot g \cdot (h_1 - h_2)} = A \cdot \dot{h}_1 \qquad (4.31)$$

$$\text{Röhre 2}: A_{1,2} \cdot \mu_{1,2} \cdot \sqrt{2 \cdot g \cdot (h_1 - h_2)}$$
$$- A_{2,3} \cdot \mu_{2,3} \cdot \sqrt{2 \cdot g \cdot (h_2 - h_3)} = A \cdot \dot{h}_2 \qquad (4.32)$$

$$\text{Röhre 3}: A_{2,3} \cdot \mu_{2,3} \cdot \sqrt{2 \cdot g \cdot (h_2 - h_3)}$$
$$- A_{3,4} \cdot \mu_{3,4} \cdot \sqrt{2 \cdot g \cdot (h_3 - h_4)} = A \cdot \dot{h}_3 \qquad (4.33)$$

$$\text{Röhre 4}: A_{3,4} \cdot \mu_{3,4} \cdot \sqrt{2 \cdot g \cdot (h_3 - h_4)} - A_4 \cdot \mu_4 \cdot \sqrt{2 \cdot g \cdot h_4} = A \cdot \dot{h}_4 \qquad (4.34)$$

4.3.3   Bestimmung der Drosselquerschnitte

Für eine Simulation benötigt man die wirksamen Drosselquerschnitte $A_{i,i+1} \cdot \mu_{i,i+1}$ der Handventile. Diese lassen sich nun wie folgt bestimmen. Man betreibt die Pumpe mit einer konstanten Spannung und wartet den stationären Zustand ab. Stationär heißt, dass die dynamischen Größen (Volumenstrom und Füllstände) konstant bleiben. Das bedeutet, dass alle Höhenänderungen null sind ($\dot{h}_1 = \dot{h}_2 = \dot{h}_3 = \dot{h}_4 = 0$). Damit lässt sich bei bekanntem Volumenstrom der Pumpe aus Gleichung (4.31) der wirksame Drosselquerschnitt $A_{1,2} \cdot \mu_{1,2}$ berechnen, wenn man die Höhendifferenz der beiden ersten Röhren misst. Aus den weiteren Gleichungen (4.32), (4.33) und (4.34) erhält man die restlichen Drosselquerschnitte.

4.3.4 Simulation und Messung des ungeregelten Systems

Für den Aufbau des Blockschaltbildes geht man wie folgt vor. Zunächst generiert man das Pumpenkennfeld mit dem Block *Look-Up Table (2D) Pumpenkennlinie*. Der obere Eingang ist die Pumpenspannung, die über zwei Sprungfunktionen *Step* und *Step1* realisiert wird. Der untere Eingang ist die Füllstandshöhe h_1. Der Blockausgang liefert dann den Volumenstrom in l/min, der anschließend mit dem Block *Gain1* in m^3/s umgerechnet wird. An der Summationsstelle *Sum1* wird von diesem Volumenstrom der abfließende Volumenstrom abgezogen, der mit Hilfe des Funktionsblockes *Fcn* berechnet wird. Die Differenz wird gemäß Gleichung (4.31) mit Hilfe des Blocks *Gain* durch A dividiert und man erhält $\dot{h}_1$. Die Integration mit dem Block *Limited Integrator* ergibt dann die Füllstandshöhe h_1. Dieser Integrierer ist nach unten auf null und nach oben auf die maximale Höhe der Röhren begrenzt. Die restlichen Differenzialgleichungen werden genauso behandelt. Das Blockschaltbild zeigt Abb. 4.24. Alle Füllstände werden über den Block *Mux* zusammengefasst und im Block *Scope* visualisiert.

Die Simulation des Systems als Reaktion zweier Sprünge der Pumpenspannung sowie die dazugehörige Messung zeigt Abb. 4.25.

Alle Röhren sind zunächst leer. Dann wird die Pumpe mit einer Spannung von 6 V eingeschaltet. Die Röhren füllen sich, wobei die erste Röhre natürlich den höchsten Füllstand erreicht. Bei $t = 1100$ s wird die Spannung auf 4 V reduziert, mit der Folge, dass die Füllstände wieder sinken. Der Füllstand der Röhre 4 wurde mit einem kapazitiven Füllstandssensor gemessen. Aus dem Bild erkennt man, dass das dynamische Verhalten des realen Systems sehr gut wiedergegeben wird.

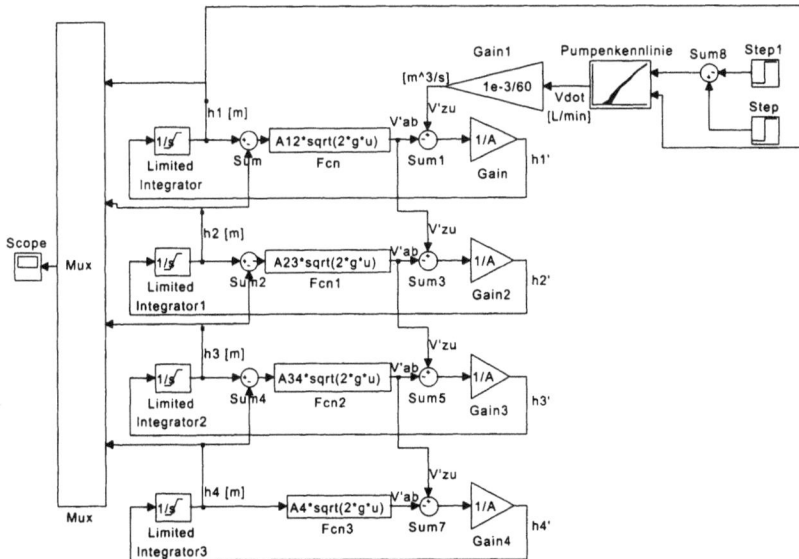

Abb. 4.24: Blockschaltbild (viertanksystem.mdl)

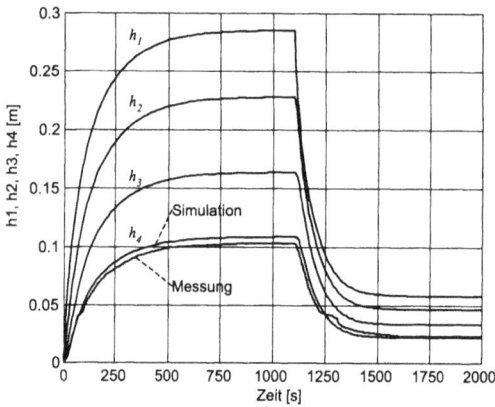

Abb. 4.25: *Sprungantworten*

Das Modell braucht daher nicht verbessert werden. Es stimmt genügend genau mit der Wirklichkeit überein (Modellvalidierung). Der stationäre Endwert ist jedoch beim Aufwärtssprung etwas zu groß. Beim Abwärtssprung stimmt die Messung jedoch gut mit der Simulation überein. Die Messwerte befinden sich in der Datei h4ohneregler.m.

Bei einer Füllstandshöhe von ca. 4 cm hat der Sensor einen Fehler. Obwohl der Füllstand ansteigt, zeigt die Messung einen nahezu konstanten Wert an. Dieser Fehler zeigt sich später auch noch beim Regelverhalten. Abb. 4.26 zeigt den Messaufbau.

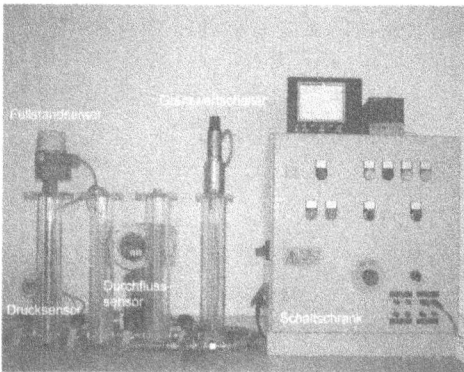

Abb. 4.26: *Messaufbau*

Die Röhre 1 ist hier rechts angeordnet und mit einem Grenzwertschalter versehen, der im Falle eines drohenden Überlaufs die Pumpe ausschaltet. Die Tauchpumpe befindet sich unterhalb des Tisches. Im Steuerschrank sind der Regler, Leistungsverstärker und verschiedene Messumformer untergebracht.

4.3.5 Experimenteller Reglerentwurf

Da es sich bei diesem Viertanksystem um ein nichtlineares Problem handelt, müsste man für einen klassischen Reglerentwurf erst das System um einem Betriebspunkt linearisieren. Anschließend könnte man mit den üblichen Reglerentwurfsverfahren den Regler entwerfen. Hier soll nun ein anderer Weg beschritten werden [13].

Am besten geeignet wäre ein PID-Regler. Ein Integralanteil ist unbedingt erforderlich, wenn die Regelung stationär genau arbeiten soll, d. h. der Istwert muss nach einer gewissen Zeit gleich dem Sollwert sein. Hätte man nämlich nur Proportionalverhalten und der Istwert wäre gleich dem Sollwert, dann wäre die Regelabweichung null. Ein P-Regler würde aber dann 0 V ausgeben und das bedeutet Stillstand der Pumpe. Das darf aber nicht sein, wenn sie einen bestimmten Volumenstrom fördern soll, um den Sollwert zu erreichen. Der P-Regler lebt also von der Regelabweichung. Der Integrierer des Reglers läuft dagegen so lange, bis an seinem Eingang eine null erscheint. Im stationären Zustand liefert also der I-Anteil die erforderliche Pumpenspannung.

Der ideale PID-Regler wird im Zeitbereich durch folgende Gleichung beschrieben

$$u = K \cdot \left(e + \frac{1}{T_N} \cdot \int_0^t e\,dt + T_V \cdot \dot{e} \right) \tag{4.35}$$

Im Laplace-Bereich hat der Regler die Übertragungsfunktion

$$G_R(s) = K \cdot \left(1 + \frac{1}{T_N \cdot s} + T_V \cdot s \right) \tag{4.36}$$

Dabei ist K die Reglerverstärkung, T_N die Nachstellzeit, T_V die Vorhaltzeit und e ist die Regelabweichung. u ist die Stellgröße des Reglers (Pumpenspannung). Beim realen PID-Regler wird, um die Störwelligkeit etwas zu unterdrücken, der D-Anteil um einen Tiefpass mit der Filterzeitkonstante T_F ergänzt. Die Übertragungsfunktion lautet dann

$$G_R(s) = K \cdot \left(1 + \frac{1}{T_N \cdot s} + \frac{T_V \cdot s}{T_F \cdot s + 1} \right) \tag{4.37}$$

Wie wählt man nun die Reglerparameter?

- Zunächst schaltet man den D-Anteil und den I-Anteil aus ($T_V = 0$, $T_N = \infty$). Es verbleibt also nur noch ein P-Regler.

- Anschließend erhöht man die Reglerverstärkung K so weit, bis das System nach einem Sollwertsprung mit einigen Überschwingern auf den stationären Endwert einschwingt.

- Danach liest man die Schwingungsdauer T_S ab.

- Nun erfolgt die Berechnung der Vorhaltzeit $T_V = \frac{T_S}{2\pi}$.

- Letztendlich berechnet man die Nachstellzeit $T_N = 10 \cdot T_V$.

Die Messwerte befinden sich in der Datei h4mitPregler.m

Abb. 4.27 zeigt das Führungsverhalten mit einem P-Regler für einen Sollwertsprung (aufwärts 0 cm auf 13,5 cm) und einen Sollwertsprung (abwärts 13 cm auf 10,1 cm). Man erkennt deutlich die bleibende Regelabweichung, d. h. der Regler arbeitet nicht stationär genau. Für die Schwingungsdauer liest man die Zeit $T_S = 80$ s ab. Für die Vorhaltzeit ergibt sich damit $T_V = \frac{80\,\text{s}}{2\pi} = 12{,}7$ s und für die Nachstellzeit $T_N = 10 \cdot T_V = 127\,\text{s}$. Die Reglerverstärkung $K = 5$ bleibt erhalten. Damit liegen alle Reglerparameter fest.

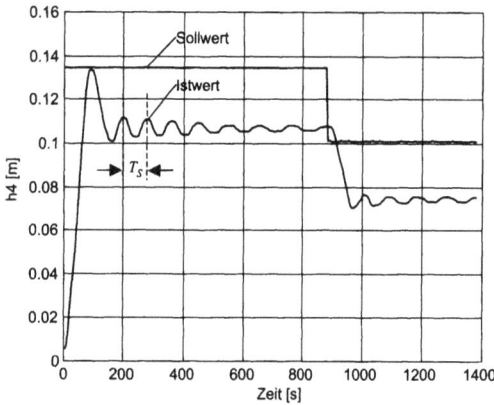

Abb. 4.27: *Sprungantwort mit P-Regler*

Abb. 4.28 zeigt die Stellgröße des P-Reglers, die zu Beginn sofort in die obere Begrenzung geht. Beim Abwärtssprung wird ebenfalls die untere Begrenzung erreicht.

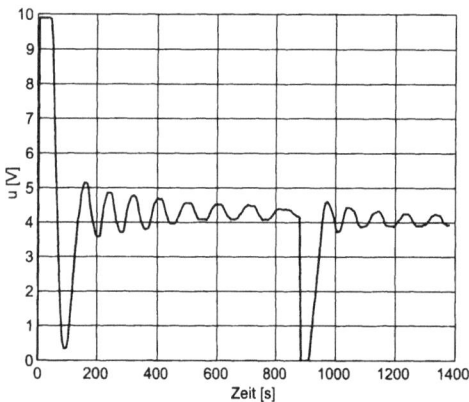

Abb. 4.28: *Stellgröße (Pumpenspannung)*

4.3.6 Führungsverhalten des Regelkreises

Das Blockschaltbild in Abb. 4.24 wird nun um einen PID-Regler erweitert (s. Abb. 4.29).

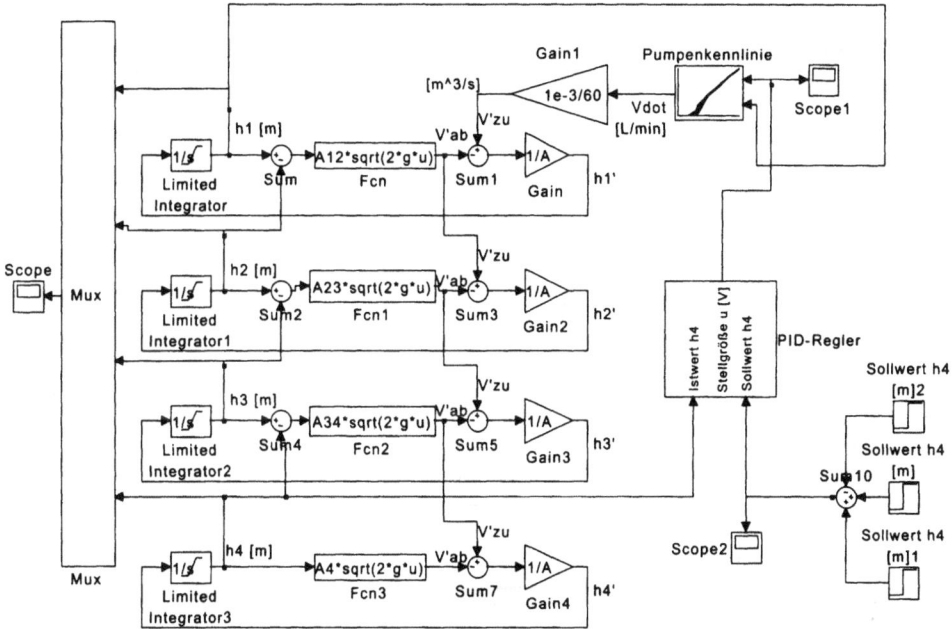

Abb. 4.29: *Blockschaltbild (viertanksystempidfuehr.mdl)*

Der Regler ist in dem Subsystem-Block *PID-Regler* enthalten. Das Innenleben dieses Blockes zeigt Abb. 4.30. Da die Füllstandshöhe in m simuliert wird und der Messumformer eine zum Füllstand proportionale Spannung ausgibt, muss die Höhe umgerechnet werden. Dazu dient der Block *m -> V Messumformer*. Der I-Anteil des Reglers ist nach unten auf 0 V und nach oben auf 10 V begrenzt. Der Reglerausgang muss ebenfalls auf diese Werte begrenzt werden. Dies geschieht im Block *Saturation*.

Abb. 4.31 zeigt die Reaktion des Systems auf mehrere Sollwertsprünge ($t = 0$ s: aufwärts 0 cm auf 8,5 cm, $t = 600$ s: aufwärts 8,5 cm auf 10,1 cm, $t = 1200$ s: abwärts 10,1 cm auf 6,8 cm).

Man erkennt, dass die Simulation recht gut mit der Messung an der realen Anlage übereinstimmt. Beim ersten Aufwärtssprung zeigen sich die größten Differenzen. Dies liegt an bereits oben erwähntem Sensorfehler. Bei ca. 4 cm Füllstandshöhe zeigt der Sensor eine Zeit lang einen konstanten Wert an, obwohl der Füllstand ansteigt. Die Regelabweichung bleibt für diese Zeit konstant. Der I-Anteil des Reglers integriert allerdings unentwegt weiter, mit der Folge, dass die gemessene Pumpenspannung ansteigt (s. Abb. 4.32).

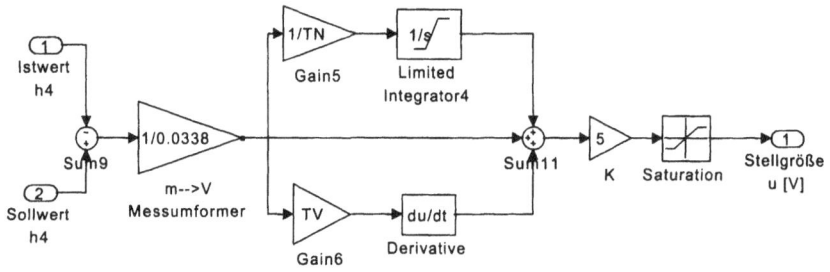

Abb. 4.30: *Subsystem PID-Regler*

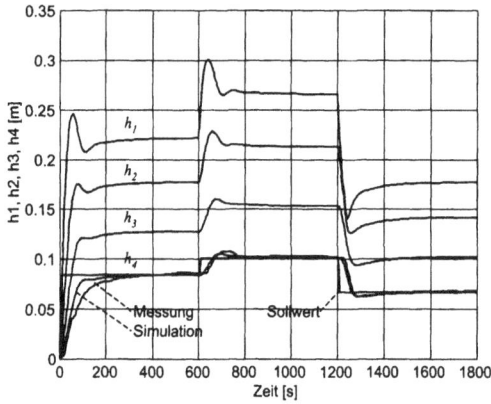

Abb. 4.31: *Führungsverhalten mit PID-Regler*

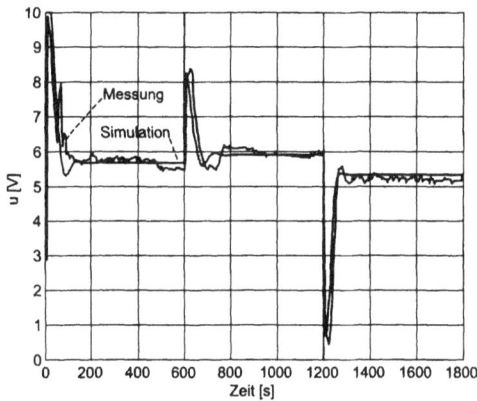

Abb. 4.32: *Stellgröße (Pumpenspannung)*

4.3.7 Störverhalten des Regelkreises

Zur Beurteilung des Störverhaltens, d. h. wie gut der Regler auf eine Störung reagiert, wird bei einer konstanten Füllstandshöhe das letzte Handventil bei $t = 600\,$s eine Umdrehung zugedreht und später wieder bei $t = 1200\,$s eine Umdrehung aufgedreht. Der wirksame Drosselquerschnitt wird also von 13,44 mm^2 auf 11,09 mm^2 reduziert und dann wieder auf den alten Wert erhöht. Dies wird im Blockschaltbild (s. Abb. 4.33) dadurch realisiert, dass der konstante Querschnitt A_4 aus dem Funktionsblock entfernt wird und über den Produkt-Block *Product* eingekoppelt wird.

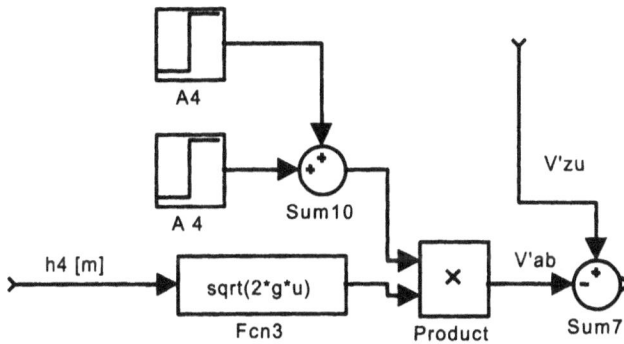

Abb. 4.33: *Blockschaltbild für die Drosselquerschnittsänderung (viertanksystempidstoer.mdl)*

Abb. 4.34 zeigt den Vergleich der Füllstände der vierten Röhre zwischen Simulation und Messung.

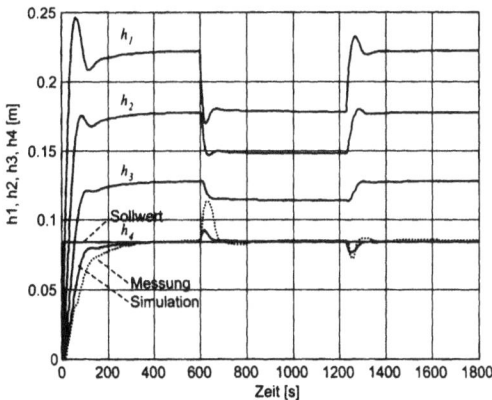

Abb. 4.34: *Störverhalten mit PID-Regler)*

Bei der Pumpenspannung (s. Abb. 4.35) zeigen sich im stationären Betrieb Abweichungen. Insbesondere im letzten Abschnitt, wo die Ventilstellung wieder die gleiche ist wie zu Beginn, müsste sich auch die gleiche Pumpenspannung einstellen.

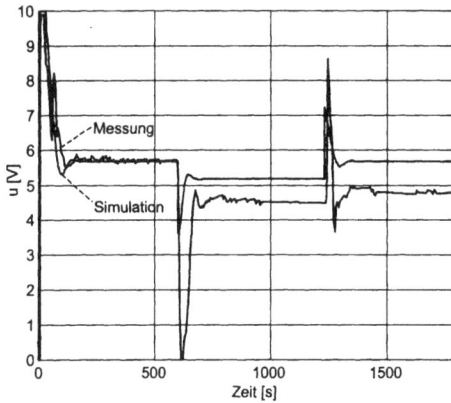

Abb. 4.35: *Stellgröße (Pumpenspannung)*

Dies ist jedoch nicht der Fall. Der Grund ist darin zu sehen, dass die Ventile eine gewisse Hysterese aufweisen. Daher kann der Drosselquerschnitt nicht immer eindeutig einer bestimmten Ventilstellung zugeordnet werden.

4.4   Schlingerdämpfung

Unter dem Einfluss des Seeganges werden Schiffe zu Bewegungen um die Längsachse angeregt (schlingern oder rollen). Diese Schlingerbewegung kann durch gezieltes Umpumpen von Wasser gedämpft werden. Durch Vorzeichenumkehr ist es aber auch möglich, das Schiff gezielt zu Rollbewegungen anzuregen, um die Sicherheit der Ladungsbefestigung zu testen. Abb. 4.36 zeigt ein Modell zur Demonstration der Dämpferwirkung.

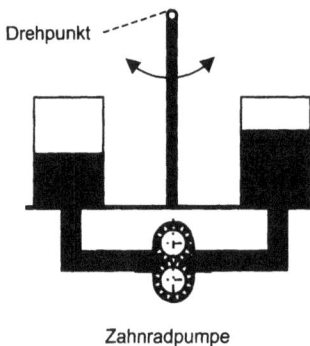

Abb. 4.36: *Ersatzmodell für eine Schlingerdämpfung*

Es handelt sich dabei um eine Plattform, die an einem Drehpunkt reibungsfrei ge.. ist. Die Plattform trägt zwei Behälter, die miteinander verbunden sind. Im Verbindungsstück sitzt eine Zahnradpumpe, die die Flüssigkeit in beide Richtungen pumpen kann. Wird die Plattform ausgelenkt, dann führt sie ungedämpfte Schwingungen aus. Der Winkel wird gemessen und in geeigneter Weise auf die Zahnradpumpe aufgeschaltet. Die Schwingung wird so gedämpft.

Zunächst soll die Wirkungsweise an einem vereinfachten Modell (s. Abb. 4.37) gezeigt werden.

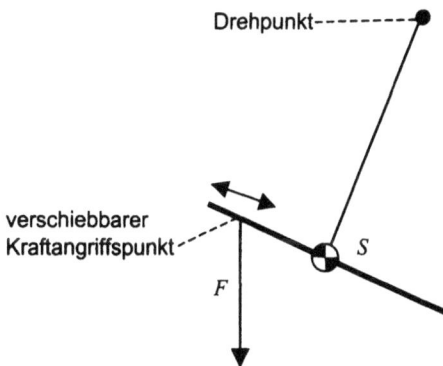

Abb. 4.37: Vereinfachtes Modell: Pendel mit verschiebbarem Kraftangriffspunkt

Die konstante Kraft F, die stets senkrecht nach unten wirkt, wird um die Entfernung x so verschoben, dass die Pendelbewegung gedämpft wird.

Zahlenwerte:

F	$= 10$ N	Rückstellkraft
l	$= 5$ m	Pendellänge
J	$= 10$ kg m^2	Massenträgheitsmoment
m	$= 0,4$ kg	Pendelmasse
g	$= 9,81$ m/s^2	Erdbeschleunigung
a	$= 0,2$ m	Abstand Behältermitte zur Pendelmitte
$m_{L,0}$	$= 10$ kg	Anfangsmasse des linken Behälters
$m_{R,0}$	$= 10$ kg	Anfangsmasse des rechten Behälters

4.4.1   Aufstellen der Differenzialgleichungen

Zum Aufstellen der Bewegungsgleichung wird das Pendel freigeschnitten, in die positive
Richtung ausgelenkt und die Kräfte und Momente werden eingetragen (s. Abb. 4.38).
Die Gewichtskraft und die Kraft F wirken nach unten. Das d'Alembertsche Trägheitsmoment $J \cdot \ddot{\varphi}$ wird entgegen der positiven Richtung eingetragen. Die Koordinate zur
Beschreibung des Drehwinkels ist φ. ψ beschreibt den Winkel zwischen der Verbin-
dungslinie vom Kraftangriffs- zum Drehpunkt (Länge y) und der Pendelstange (Länge
l). x ist der Abstand des Kraftangriffpunktes zum Schwerpunkt S.

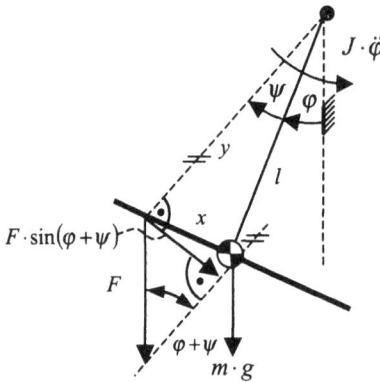

Abb. 4.38: *Freigeschnittenes Pendel*

Das Rückstellmoment ist

$$
\begin{aligned}
M_{\text{Rück}} &= F \cdot \sin\left(\varphi + \psi\right) \cdot y + m \cdot g \cdot \sin\left(\varphi\right) \qquad (4.38)\\
&= F \cdot \sin\left(\varphi + \psi\right) \cdot \sqrt{x^2 + l^2} + m \cdot g \cdot \sin\left(\varphi\right)\\
&= F \cdot \sin\left(\varphi + \arctan\left(\frac{x}{l}\right)\right) \cdot \sqrt{x^2 + l^2} + m \cdot g \cdot \sin\left(\varphi\right)
\end{aligned}
$$

Das Momentengleichgewicht um den Drehpunkt liefert

$$
J \cdot \ddot{\varphi} + F \cdot \sin\left(\varphi + \arctan\left(\frac{x}{l}\right)\right) \cdot \sqrt{x^2 + l^2} + m \cdot g \cdot \sin\left(\varphi\right) = 0 \qquad (4.39)
$$

Bei (4.39) handelt es sich um eine nichtlineare Schwingungsdifferenzialgleichung. Wählt
man nun x proportional zur Winkelgeschwindigkeit $\dot{\varphi}$ (Proportionalitätsfaktor K_D), so
steckt im zweiten Term von (4.39) eine Art geschwindigkeitsproportionale Dämpfung.

4.4.2   Simulation

Das Blockschaltbild erhält man, indem man Gleichung (4.39) nach $\ddot{\varphi}$ auflöst

$$\ddot{\varphi} = -\frac{F \cdot \sin\left(\varphi + \arctan\left(\frac{x}{l}\right)\right) \cdot \sqrt{x^2 + l^2} + m \cdot g \cdot \sin\left(\varphi\right)}{J} \tag{4.40}$$

und die rechte Seite von (4.40) mit dem Funktionsblock *Fcn* aufbaut (s. Abb. 4.39).

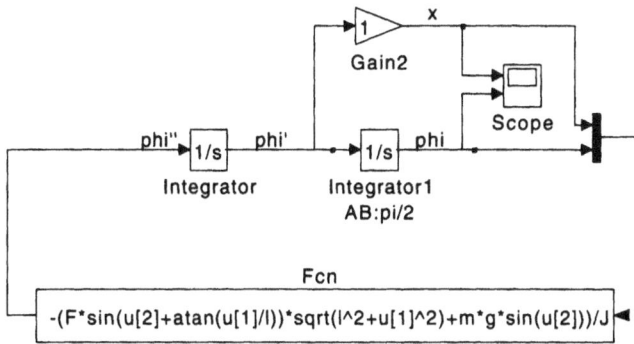

Abb. 4.39: *Blockschaltbild (schlinger1.mdl)*

Die Dämpfung wird über den Block *Gain2* realisiert. Der Integriererblock *Integrator1* wird mit der Anfangsauslenkung initialisiert.

Abb. 4.40 und Abb. 4.41 zeigen das Ergebnis der Simulation. Die Anfangsauslenkung beträgt 90°. Über die Wahl des Faktors K_D lässt sich dann das Dämpfungsverhalten beeinflussen. In der Praxis darf dieser jedoch nicht zu groß gewählt werden, weil der Stellweg natürlich begrenzt ist.

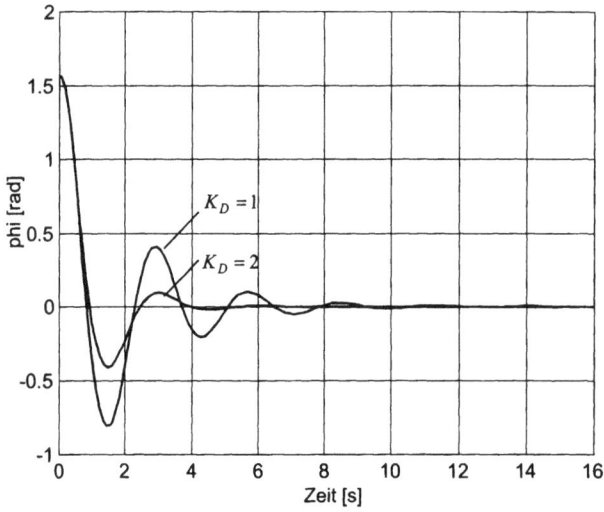

Abb. 4.40: *Pendelwinkel für verschiedene Rückkopplungsfaktoren*

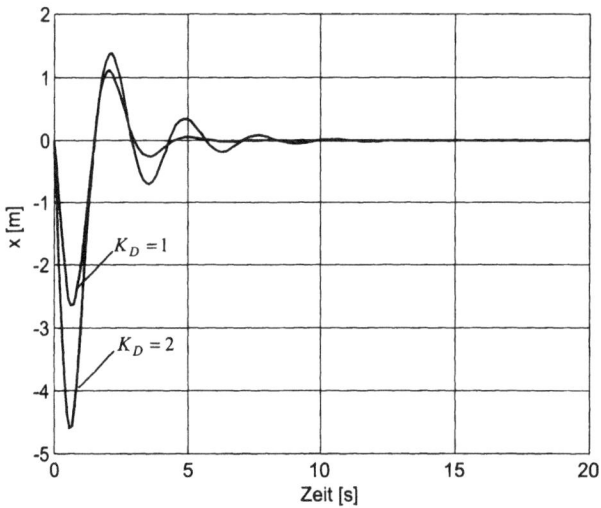

Abb. 4.41: *Stellgröße x für verschiedene Rückkopplungsfaktoren*

4.4.3   Erweitertes Modell

Betrachtet man nun das erweiterte Modell, so wird durch das Umpumpen der Flüssigkeit der Schwerpunkt verlagert (s. Abb. 4.42). Die Änderung des Massenträgheitsmomentes J wird vernachlässigt.

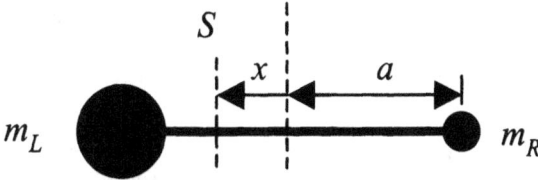

Abb. 4.42: *Verlagerung des Schwerpunktes*

Der Abstand x des Schwerpunktes S von der Mitte lässt sich über das Momentengleichgewicht um S ermitteln. m_L und m_R sind die Massen der Flüssigkeiten im linken und rechten Behälter.

$$m_L \cdot (a - x) = m_R \cdot (a + x) \tag{4.41}$$

$$x = \frac{a \cdot (m_L - m_R)}{m_L + m_R} \tag{4.42}$$

Der Massenstrom $\dot{m}$, der durch die Pumpe gefördert wird, ist proportional zur Pumpenspannung u.

$$\dot{m} = K_{ZP} \cdot u \tag{4.43}$$

Ein positiver Massenstrom füllt den linken Behälter

$$m_L = \int_0^t \dot{m}\, dt + m_{L,0} \tag{4.44}$$

und leert (Minuszeichen in (4.45)) den rechten Behälter.

$$m_R = -\int_0^t \dot{m}\, dt + m_{R,0} \tag{4.45}$$

$m_{L,0}$ und $m_{R,0}$ sind die Anfangsbedingungen.

4.4.4   Simulation

Abb. 4.43 zeigt das Blockschaltbild. Die Gleichungen (4.44) und (4.45) werden über die Integriererblöcke *Integrator* und *Integrator1* realisiert. Sie sind mit den Anfangsbedingungen initialisiert. Die Berechnung des Schwerpunktabstandes x erfolgt mit Hilfe des Funktionsblockes *Fcn*. Die beiden Integrierer erzeugen eine Phasenverschiebung von $-90°$. Daher wird als Eingangsgröße für die Dämpfungsrückkopplung nicht die Winkelgeschwindigkeit sondern die Winkelbeschleunigung ($+90°$ Phasenverschiebung) abgegriffen. Die Schwerpunktverlagerung erfolgt nun wieder im richtigen Takt.

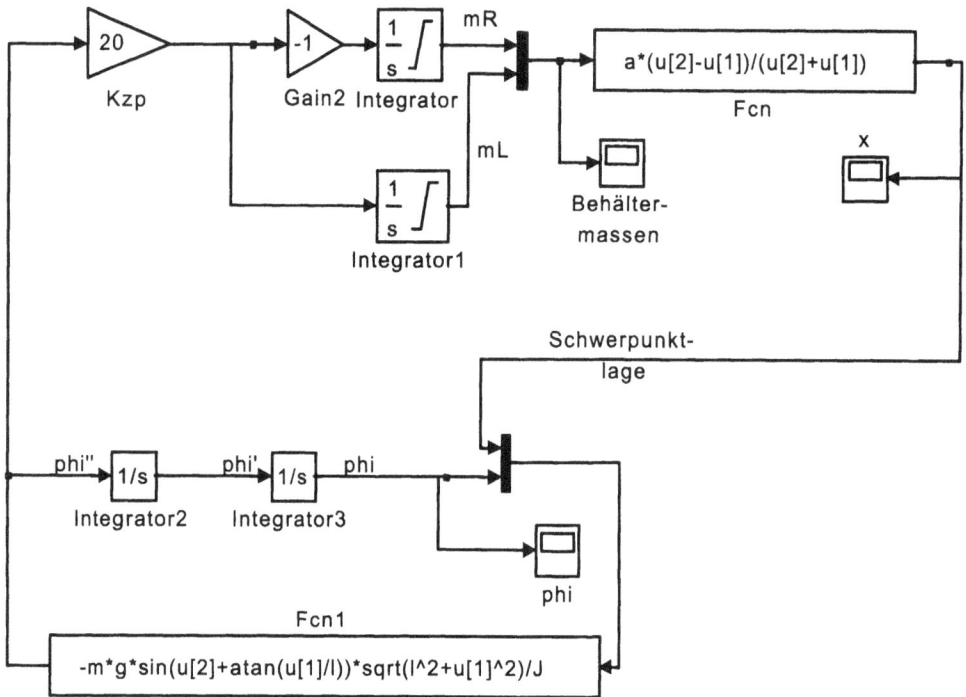

Abb. 4.43: *Blockschaltbild (schlinger2.mdl)*

Abb. 4.44, Abb. 4.45 und Abb. 4.46 zeigen das Ergebnis der Simulation.

Die Anfangsauslenkung beträgt $\pi/4$. Die Verstärkung ist so groß, dass die Begrenzungen erreicht werden. Die Behälter werden ganz voll bzw. ganz leer gepumpt. Die Schwingungsdämpfung funktioniert dennoch sehr gut.

Dreht man das Vorzeichen im Block *Kzp* um, dann kann die Schwingung bei einer ganz kleinen Anfangsauslenkung entfacht werden (Entdämpfung) (s. Abb. 4.47).

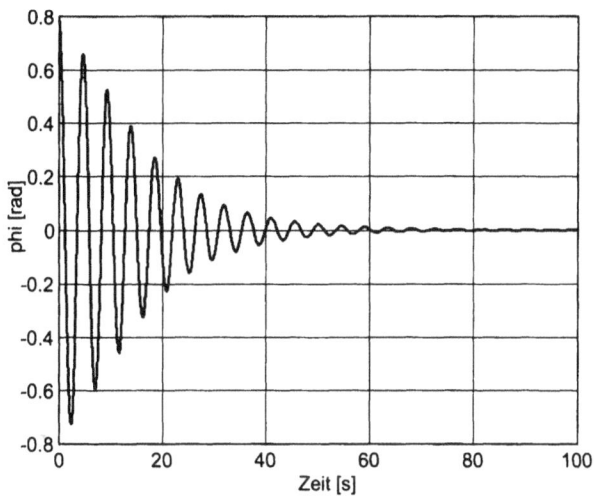

Abb. 4.44: *Pendelwinkel*

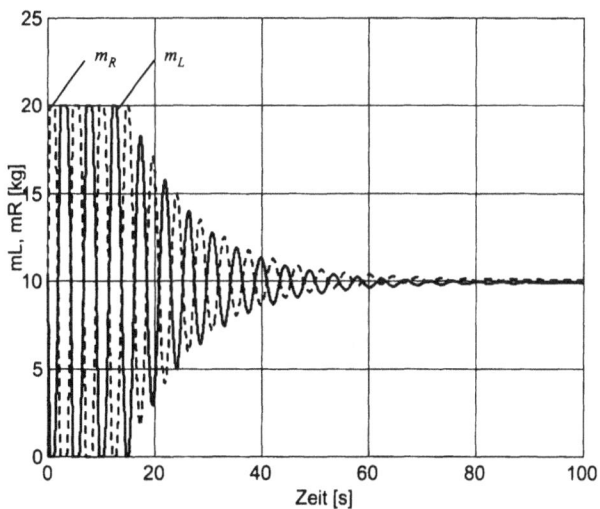

Abb. 4.45: *Flüssigkeitsmassen in den Behältern*

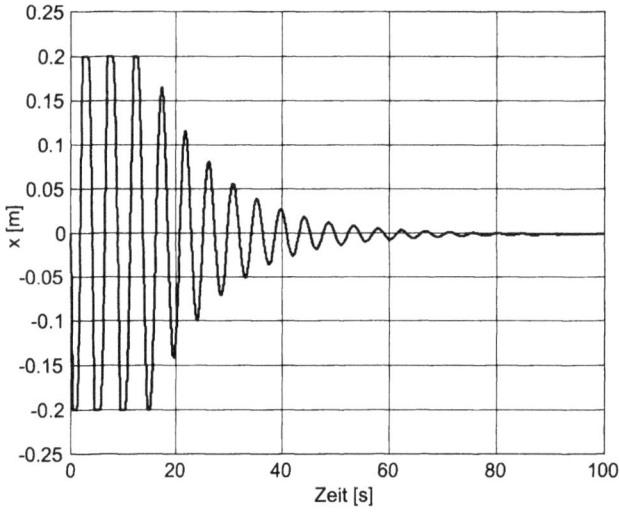

Abb. 4.46: *Schwerpunktabstand zur Mitte*

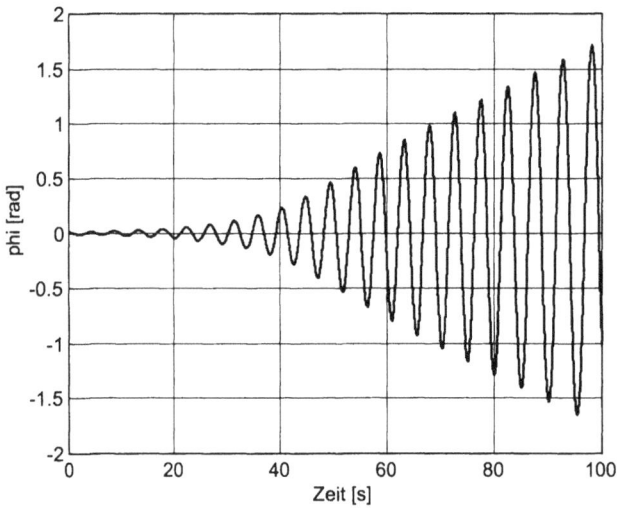

Abb. 4.47: *Pendelschwingung bei Entdämpfung*

5   Thermodynamische Systeme

5.1   Aufheizen eines Werkstückes in einem Glühofen

Abb. 5.1 zeigt einen gasbeheizten Glühofen, der über eine geeignete Regelung auf einer konstanten Temperatur ϑ_G gehalten wird. Zur Zeit $t = 0$ wird ein Werkstück mit der Masse m und der Anfangstemperatur $\vartheta_{W,0}$ in den Ofen eingebracht. Das Material des Werkstückes hat die spezifische Wärmekapazität c. Die Werkstückoberfläche ist A und α ist der Wärmeübergangskoeffizient. Das Werkstück soll eine homogene Temperaturverteilung haben und die Wärme soll ausschließlich durch Wärmeübertragung erfolgen, d. h., der Strahlungsaustausch wird nicht berücksichtigt.

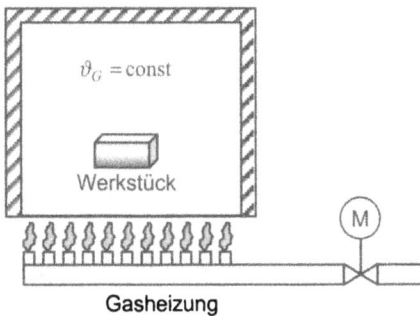

Abb. 5.1: *Aufheizen eines Werkstückes im Glühofen*

Zahlenwerte:

m	$= 100$ kg	Werkstückmasse
c	$= 0{,}5$ kJ/(kg K)	spezifische Wärmekapazität
A	$= 0{,}323$ m^2	Werkstückoberfläche
α	$= 15$ W/(m^{2}K)	Wärmeübergangskoeffizient
ϑ_G	$= 800°$C	Ofentemperatur
$\vartheta_{W,0}$	$= 20°$C	Anfangsbedingung Werkstücktemperatur

5.1.1   Aufstellen der Differenzialgleichung

Zum Aufstellen der Differenzialgleichung legt man einen Kontrollraum um das Werkstück und stellt eine Leistungsbilanz für diesen Kontrollraum auf.

$$P_{zu} - P_{ab} = \frac{dE_{th}}{dt} \tag{5.1}$$

In Worten lautet die Leistungsbilanz: Die Differenz zwischen der zugeführten Leistung P_{zu} und der abgeführten Leistung P_{ab} führt zu einer zeitlichen Änderung des thermischen Energieinhaltes $\frac{dE_{th}}{dt}$ des Werkstückes.

P_{zu} ist die auf das Werkstück übertragene Wärmeleistung. Sie ist proportional zum treibenden Temperaturgefälle $\vartheta_G - \vartheta_W$ zwischen Ofen und Werkstück. Der Proportionalitätsfaktor ist das Produkt aus dem Wärmeübergangskoeffizient α und der wärmetauschenden Oberfläche A.

$$P_{zu} = \alpha \cdot A \cdot (\vartheta_G - \vartheta_W) \tag{5.2}$$

Die abgeführte Wärmeleistung ist gleich null. Der thermische Energieinhalt E_{th} des Werkstückes ist proportional zur Temperaturdifferenz zwischen Werkstücktemperatur ϑ_W und einer beliebigen Bezugstemperatur ϑ_0.

$$E_{th} = c \cdot m \cdot (\vartheta_W - \vartheta_0) \tag{5.3}$$

Der Proportionalitätsfaktor ist das Produkt aus spezifischer Wärmekapazität c und Masse m. Leitet man Gleichung (5.3) nach der Zeit ab und setzt diese Ableitung sowie Gleichung (5.2) in (5.1) ein, so erhält man

$$\alpha \cdot A \cdot (\vartheta_G - \vartheta_W) = c \cdot m \cdot \dot{\vartheta}_W \tag{5.4}$$

Die auf das Werkstück übertragene Wärmeleistung führt im Werkstück zu einer Temperaturerhöhung. Einfache Umformungen von (5.4) liefern

$$\frac{c \cdot m}{\alpha \cdot A} \cdot \dot{\vartheta}_W + \vartheta_W = \vartheta_G \tag{5.5}$$

Bei (5.5) handelt es sich um eine inhomogene Differenzialgleichung erster Ordnung. Die Inhomogenität (Systemanregung) ist die konstante Glühofentemperatur ϑ_G. Der Ausdruck $\frac{c \cdot m}{\alpha \cdot A} \cdot (\alpha \cdot A)$ hat die Dimension einer Zeit und heißt Zeitkonstante T. Sie charakterisiert die thermische Trägheit des Systems. Das System ist schnell (kleine Zeitkonstante), wenn spezifische Wärmekapazität und die Masse klein sind oder wenn der Wärmeübergang und die wärmetauschende Fläche groß sind. Nach $t = T = 10320$ s sind 63 % der Sprunghöhe erreicht. Die Werkstücktemperatur beträgt also zu dieser Zeit $0{,}63 \cdot (800°C - 20°C) + 20°C = 511°C$. Aus der Differenzialgleichung (5.5) ist sofort die stationäre Werkstücktemperatur ersichtlich. Stationär heißt, dass die zeitliche Änderung der stationären Größe, also die Ableitung null ist ($\dot{\vartheta}_W = 0$). Das bedeutet, dass die Werkstücktemperatur gleich der Ofentemperatur ist.

5.1.2   Simulation der Werkstücktemperatur

Für den Aufbau des Blockschaltbildes wird die Differenzialgleichung (5.5) nach $\dot{\vartheta}_W$ aufgelöst

$$\dot{\vartheta}_W(t) = \frac{\vartheta_G - \vartheta_W(t)}{T} \tag{5.6}$$

und die rechte Seite aufgebaut (s. Abb. 5.2).

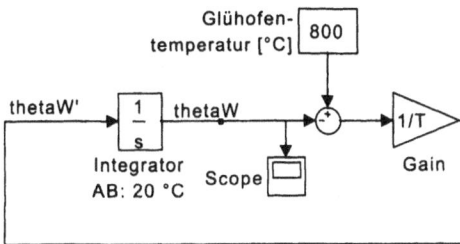

Abb. 5.2: *Blockschaltbild (gluehofen.mdl)*

Von der Glühofentemperatur wird mit Hilfe der Summationsstelle die Werkstücktemperatur subtrahiert. Die Differenz wird gemäß Gleichung (5.6) mit dem Block *Gain* multipliziert. Das Ergebnis ist die Ableitung der Werkstücktemperatur, die mit dem Block *Integrator* zur Werkstücktemperatur *thetaW* integriert wird. Die Anfangsbedingung des Integrierers wird auf 20 gesetzt. Abb. 5.3 zeigt den Temperaturverlauf. Die Temperatur beginnt bei 20°C und nach ca. 70000 s wird die stationäre Temperatur erreicht.

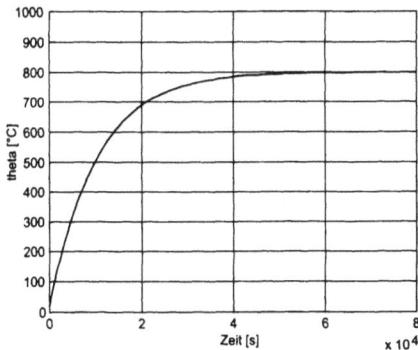

Abb. 5.3: *Werkstücktemperatur als Funktion der Zeit*

5.2   Temperaturverlauf eines Glühfadens

Abb. 5.4 zeigt eine elektrische Glühbirne. Sie besitzt im Glaskolben einen dünnen Wolframdraht, der sich infolge des elektrischen Stromes erwärmt und Licht aussendet.

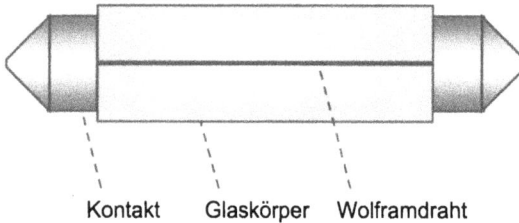

Abb. 5.4: *Glühbirne [11]*

Beim Einschalten der Glühbirne ist der Faden noch kalt. Der temperaturabhängige Widerstand ist demzufolge noch klein und es fließt bei konstanter Spannung ein großer Strom. Daher gehen Glühbirnen meistens beim Einschalten kaputt. Durch die zugeführte elektrische Leistung erwärmt sich der Glühfaden und der elektrische Widerstand wird größer. Gleichzeitig strahlt der Glühfaden Wärmeleistung ab. Die Vergrößerung des elektrischen Widerstandes bewirkt, dass die zugeführte Leistung kleiner wird. Es stellt sich irgendwann ein Beharrungszustand ein, wenn alle Größen im Gleichgewicht sind.

Zahlenwerte:

l	$= 1{,}8$ cm	Länge des Glühfadens
R	$= 0{,}0104$ mm	Radius des Glühfadens
ρ_W	$= 19{,}25$ kg/dm^3	Dichte von Wolfram
c	$= 0{,}13$ kJ/(kg K)	spezifische Wärmekapazität von Wolfram
ρ	$= 54{,}9{\cdot}10^{-3}$ Ωmm^2/m	spezifischer Widerstand von Wolfram
α	$= 0{,}0059$ 1/K	Temperaturkoeffizient
ε	$= 0{,}9$	Emissionsgrad
C_S	$= 5{,}67{\cdot}10^{-8}$ W/(m^{2}K^4)	Strahlungskonstante des schwarzen Strahlers
T_U	$= 293$ K	Umgebungstemperatur
u	$= 12$ V	Versorgungsspannung

5.2.1   Aufstellen der Differenzialgleichung

Zum Aufstellen der Differenzialgleichung legt man einen Kontrollraum um den Glühfaden und stellt eine Leistungsbilanz für diesen Kontrollraum auf.

$$P_{zu} - P_{ab} = \frac{dE_{th}}{dt} \qquad (5.7)$$

Die Leistungsbilanz lautet in Worten: Die Differenz zwischen der zugeführten Leistung P_{zu} und der abgeführten Leistung P_{ab} führt zu einer zeitlichen Änderung des thermischen Energieinhaltes $\frac{dE_{th}}{dt}$ des Glühfadens.

P_{zu} ist die dem Glühfaden zugeführte elektrische Leistung. Bei einer konstanten Anschlussspannung u beträgt diese

$$P_{zu} = \frac{u^2}{R(\vartheta)} \tag{5.8}$$

R ist der von der Temperatur ϑ (Einheit °C) abhängige elektrische Widerstand. Die Temperaturabhängigkeit kann durch folgende Gleichung beschrieben werden

$$\begin{aligned}R(\vartheta) &= R_{20} \cdot (1 + \alpha \cdot (\vartheta - 20°\text{C})) \\ &= R_{20} \cdot (1 + \alpha \cdot (T - 293\,\text{K}))\end{aligned} \tag{5.9}$$

R_{20} ist der Widerstand des Glühfadens bei 20°C, α ist Temperaturkoeffizient und T ist die absolute Temperatur. Der Widerstand R_{20} berechnet sich aus dem spezifischen elektrischen Widerstand ρ der Glühfadenlänge l und dem Querschnitt $\pi \cdot r^2$.

$$R_{20} = \frac{\rho \cdot l}{\pi \cdot r^2} \tag{5.10}$$

Die abgeführte Leistung P_{ab} ist im Wesentlichen auf Wärmetransport durch Strahlung zurückzuführen. Konvektive Anteile können wegen des isolierenden Gasvolumens vernachlässigt werden.

$$P_{ab} = \alpha_{Str} \cdot A \cdot (T - T_U) \tag{5.11}$$

P_{ab} ist proportional zum treibenden Temperaturgefälle $T - T_U$ zwischen Glühfaden und Umgebungsmaterial (Glaskolben). Der Proportionalitätsfaktor ist das Produkt aus Wärmeübergangskoeffizient α_{Str} und wärmetauschender Oberfläche $A = 2 \cdot \pi \cdot r \cdot l$. Der Wärmeübergangskoeffizient für Strahlung berechnet sich aus

$$\alpha_{Str} = \beta^* \cdot C_{1,2} \tag{5.12}$$

mit dem Temperaturfaktor

$$\beta^* = \frac{T^4 - T_U^4}{T - T_U} \tag{5.13}$$

und dem Strahlungsaustauschkoeffizienten $C_{1,2}$. Für diesen kann man das Modell für umhüllende Flächen ansetzen

$$C_{1,2} = \frac{1}{\frac{1}{C_1} + \frac{A_1}{A_2} \cdot \left(\frac{1}{C_2} - \frac{1}{C_S}\right)} \approx C_1 \tag{5.14}$$

A_1 ist die innere Fläche (Oberfläche des Glühfadens) und A_2 die umhüllende Fläche (Fläche des Glaskörpers). C_1 und C_2 sind die Strahlungskonstanten der im Strahlungsaustausch stehenden Flächen A_1 und A_2. C_S ist Strahlungskonstante des schwarzen Strahlers. Da $A_2 >> A_1$, verbleibt in Gleichung (5.14) nur noch die Strahlungskonstante C_1 des Glühfadens. Diese berechnet sich aus dem Emissionsgrad ε des Glühfadens und C_S .

$$C_1 = \varepsilon \cdot C_S \tag{5.15}$$

Die abgestrahlte Leistung ist damit

$$P_{ab} = \varepsilon \cdot C_S \cdot A \cdot \left(T^4 - T_U^4\right) \tag{5.16}$$

Der thermische Energieinhalt des Glühfadens ist proportional zur Temperaturdifferenz zwischen Glühfaden und einer beliebigen konstanten Bezugstemperatur T_0.

$$E_{th} = c \cdot m \cdot (T - T_0) \tag{5.17}$$

Der Proportionalitätsfaktor ist das Produkt aus spezifischer Wärmekapazität c und der Masse m. Leitet man Gleichung (5.17) nach der Zeit ab, setzt die Ableitung und die Gleichungen (5.16), (5.8) in Verbindung mit (5.9) in (5.7) ein, so erhält man die folgende nichtlineare, inhomogene Differenzialgleichung erster Ordnung:

$$\frac{c \cdot m}{\varepsilon \cdot C_S \cdot A} \cdot \dot{T} + T^4 = \frac{1}{\varepsilon \cdot C_S \cdot A} \cdot \frac{u^2}{R_{20} \cdot (1 + \alpha \cdot (T - 293\mathrm{K}))} + T_U^4 \tag{5.18}$$

Die Inhomogenität (Systemanregung) ist die rechte Seite von (5.18) und hängt bei konstanter Spannung ebenfalls von der absoluten Temperatur T ab, d. h., man hat hier auch eine Rückkopplung der Temperatur auf die Anregung. Der Ausdruck $\frac{c \cdot m}{(\varepsilon \cdot C_S \cdot A)}$ hat die Dimension einer Zeit und heißt Zeitkonstante. Sie charakterisiert die thermische Trägheit des Systems. Das System ist schnell (kleine Zeitkonstante), wenn spezifische Wärmekapazität und die Masse klein sind oder wenn der Emissionsgrad und die wärmetauschende Fläche groß sind.

5.2.2   Berechnung der stationären Temperatur

Aus der Differenzialgleichung (5.18) lässt sich die stationäre Temperatur des Glühfadens berechnen. Stationär heißt, dass alle Einschwingvorgänge abgeklungen sind und die Temperatur sich nicht mehr ändert, also konstant ist. Das bedeutet, dass die Ableitung $\dot{T} = 0$ verschwindet. Daraus folgt die Bestimmungsgleichung

$$T = \sqrt[4]{\frac{1}{\varepsilon \cdot C_S \cdot A} \cdot \frac{u^2}{R_{20} \cdot (1 + \alpha \cdot (T - 293\mathrm{K}))} + T_U^4} \tag{5.19}$$

Die Gleichung (5.19) ist nicht explizit nach der Temperatur T auflösbar, so dass sie iterativ gelöst werden muss. Hierzu wählt man einen geeigneten Startwert, z. B. $T = 1000\,\mathrm{K}$, und berechnet den Wurzelausdruck, der dann wieder eine Temperatur liefert. Diese wird wieder in den Wurzelausdruck eingesetzt usw., bis sich die Temperatur nicht mehr ändert. Hierfür ist es nicht erforderlich, ein Programm zu schreiben, weil sich die Vorgehensweise einfach auf dem MATLAB-Workspace mit Hilfe der Pfeil-Taste realisieren lässt. Durch Drücken der Pfeil-Taste wird der letzte Befehl, also die Berechnung der Temperatur, wiederholt und mit der Return-Taste ausgeführt.

Beispiel: Startwert T=1000 K

```
>> T=1000;
>> T=(1/(eps*Cs*A)*u0^2/(R20*(1+alpha*(T-TU)))+TU^4)^0.25

>> T=3.5539e+003
>> T=(1/(eps*Cs*A)*u0^2/(R20*(1+alpha*(T-TU)))+TU^4)^0.25

>> T=2.5268e+003

>> T=(1/(eps*Cs*A)*u0^2/(R20*(1+alpha*(T-TU)))+TU^4)^0.25

>> T=2.7619e+003

>> T=(1/(eps*Cs*A)*u0^2/(R20*(1+alpha*(T-TU)))+TU^4)^0.25

>> T=2.6982e+003

>> T=(1/(eps*Cs*A)*u0^2/(R20*(1+alpha*(T-TU)))+TU^4)^0.25

>> T=2.7147e+003

>> T=(1/(eps*Cs*A)*u0^2/(R20*(1+alpha*(T-TU)))+TU^4)^0.25

>> T=2.7104e+003

>> T=(1/(eps*Cs*A)*u0^2/(R20*(1+alpha*(T-TU)))+TU^4)^0.25

>> T=2.7115e+003

>> T=(1/(eps*Cs*A)*u0^2/(R20*(1+alpha*(T-TU)))+TU^4)^0.25

>> T=2.7112e+003

>> T=(1/(eps*Cs*A)*u0^2/(R20*(1+alpha*(T-TU)))+TU^4)^0.25

>> T=2.7113e+003

>> T=(1/(eps*Cs*A)*u0^2/(R20*(1+alpha*(T-TU)))+TU^4)^0.25

>> T=2.7113e+003
```

5.2.3   Simulation des Temperaturverlaufs

Für die Simulation löst man Gleichung (5.18) nach $\dot{T}$ auf

$$\dot{T} = \left(\frac{1}{\varepsilon \cdot C_S \cdot A} \cdot \frac{u^2}{R_{20} \cdot (1 + \alpha \cdot (T - 293\mathrm{K}))} + T_U^4 - T^4 \right) \qquad (5.20)$$
$$\cdot \frac{\varepsilon \cdot C_S \cdot A}{c \cdot m}$$

und erhält so eine Vorschrift für den Integrierereingang, die mit Hilfe der Blöcke *Fcn* und *Gain* realisiert wird. Der Ausgang des Blockes *Integrator* liefert dann die Temperatur des Glühfadens. Der Integrierer erhält als Anfangsbedingung die Umgebungstemperatur (s. Abb. 5.5). Mit Hilfe des Blockes *Manual Switch* kann zwischen einer sinusförmigen Spannung und einem einfachen Ein- und Ausschalten gewählt werden.

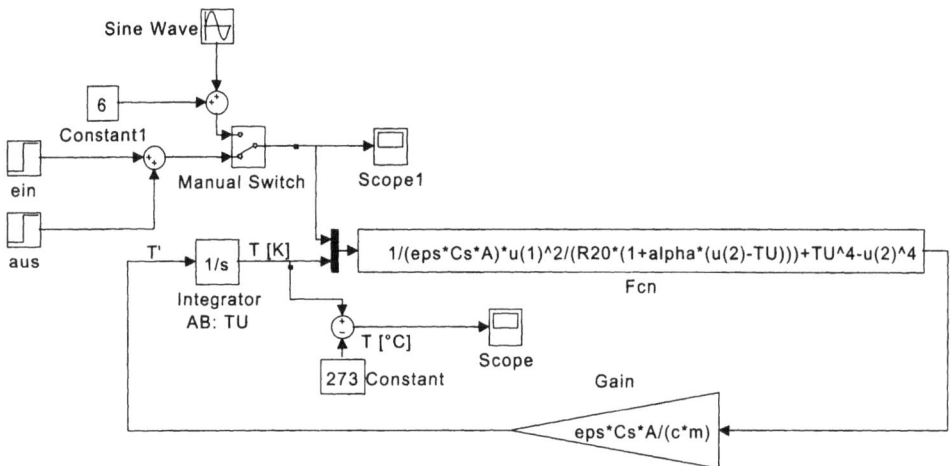

Abb. 5.5: *Blockschaltbild (gluehbirne.mdl)*

Abb. 5.6 zeigt das Simulationsergebnis für die untere Schalterstellung. Bei $t = 0,01$ s wird die Glühbirne eingeschaltet (Spannungssprung von 0 V auf 12 V). Innerhalb sehr kurzer Zeit steigt die Temperatur auf den oben berechneten Endwert.

Bei $t = 0,05$ s wird die Glühbirne ausgeschaltet und es dauert sehr lange, bis der Glühfaden wieder die Umgebungstemperatur erreicht. Aus dieser Darstellung ist nicht sofort zu entnehmen, dass es sich um ein nichtlineares System handelt. Der Verlauf ähnelt sehr stark der Sprungantwort eines PT1-Gliedes mit verschiedenen Zeitkonstanten für das Aufheizen und das Abkühlen.

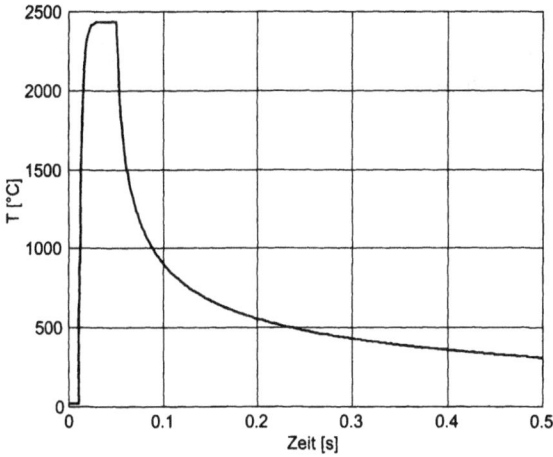

Abb. 5.6: *Temperaturverlauf beim Ein- und Ausschalten*

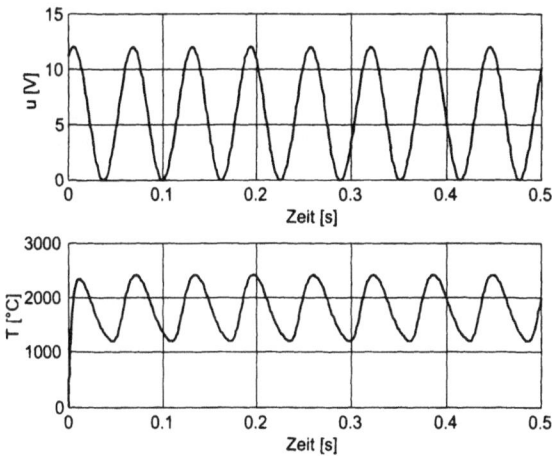

Abb. 5.7: *Spannungs- und Temperaturverlauf*

Den nichtlinearen Charakter offenbart ein System sofort, wenn es mit einer sinusförmigen Eingangsgröße angeregt wird. In Abb. 5.7 wird die Glühbirne mit der sinusförmigen Spannung $u(t) = 6\,\text{V} \cdot \left(1 + \sin(100\,\text{sec}^{-1} \cdot t)\right)$ betrieben. Hier erkennt man nach dem Einschwingvorgang sehr deutlich, dass das System nichtlinearen Charakter hat. Die Systemantwort (Glühfadentemperatur) ist nämlich nicht sinusförmig.

5.3 Ottomotor

Abb. 5.8 zeigt das p-V-Diagramm eines 4-Takt-Ottomotors, sowie die Stellungen des Kolbens im oberen Totpunkt (OT) und im unteren Totpunkt (UT).

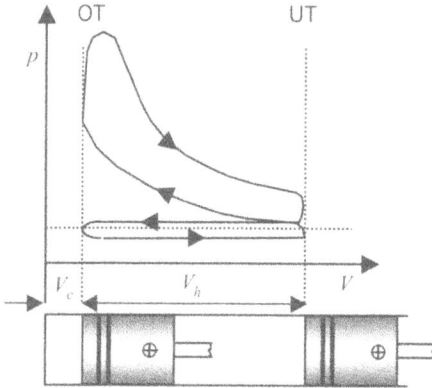

Abb. 5.8: _p-V-Diagramm_

Im Folgenden sollen der Verdichtungs- und der Arbeitstakt bei einer Drehzahl von $4000 \ \mathrm{min}^{-1}$ unter Volllast simuliert werden. Dabei werden zur Vereinfachung folgende Annahmen gemacht:

- vollständiger Umsatz des Brennstoffes

- keine Leckageverluste über die Kolbenringe (Blow-by)

- konstanter Wärmeübergangskoeffizient α_W

- Luft als ideales Arbeitsgas

- Räumlich konstante Gastemperatur T im Zylinder (Einzonenmodell)

- konstante spezifische Wärmekapazität c_V

- konstante Wandtemperatur T_W von Zylinder, -kopf und Kolbenboden

- keine Reibung

Zahlenwerte:

d	$= 39 \ \mathrm{mm}$	Durchmesser der Zylinderbohrung
h	$= 26 \ \mathrm{mm}$	Hub
r	$= 13 \ \mathrm{mm}$	Kurbelradius (halber Hub)
l	$= 52 \ \mathrm{mm}$	Pleuellänge
λ	$= 0{,}25$	Pleuelverhältnis (Kurbelradius zu Pleuellänge)

V_h = 31 cm^3 Hubraum
ε = 8   Verdichtungsverhältnis
b_e = 400 g/kWh   spezifischer Kraftstoffverbrauch
P_e = 0,65 kW   effektive Leistung (mechanisch an der Kurbelwelle)
n = 4000 min^{-1} Motordrehzahl

5.3.1   Berechnung des Kompressionsvolumens

Das Verdichtungsverhältnis ε ist das Verhältnis zwischen dem größten und dem kleinsten Zylindervolumen.

$$\varepsilon = \frac{V_{\max}}{V_{\min}} = \frac{V_h + V_c}{V_c} \tag{5.21}$$

Aus (5.21) folgt für das Kompressionsvolumen

$$V_c = \frac{V_h}{\varepsilon - 1} = \frac{31 \text{ cm}^3}{7} = 4,4 \text{ cm}^3 \tag{5.22}$$

5.3.2   Berechnung der zugeführten Wärmemenge

Der spezifische Kraftstoffverbrauch b_e ist das Verhältnis zwischen dem Benzinmassenstrom B und der effektiven Leistung P_e, also die Leistung, die an der Kurbelwelle ansteht.

$$b_e = \frac{B}{P_e} \tag{5.23}$$

Der Benzinmassenstrom B ist dann

$$B = b_e \cdot P_e = \frac{400 \,\text{g} \cdot 0,65 \,\text{kW}}{\text{kW} \cdot 3600 \,\text{s}} = 0,0722 \,\frac{\text{g}}{\text{s}} \tag{5.24}$$

Die über den Brennstoff zugeführte Leistung P_B ist das Produkt aus dem Benzinmassenstrom B und dem Heizwert H_u.

$$P_B = B \cdot H_u = 0,0722 \cdot 10^{-3} \frac{\text{kg}}{\text{s}} \cdot 42 \cdot 10^6 \,\frac{\text{J}}{\text{kg}} = 3,033 \text{ kW} \tag{5.25}$$

Der effektive Wirkungsgrad η_e beträgt in diesem Betriebspunkt

$$\eta_e = \frac{P_e}{P_B} = \frac{0,65 \text{ kW}}{3,033 \text{ kW}} = 21,4 \text{ \%} \tag{5.26}$$

Die Zeit T für eine Umdrehung ist

$$T = \frac{1}{n} = \frac{60 \,\text{s}}{4000} = 15 \,\text{ms} \tag{5.27}$$

Bei einem Viertakter gibt es nur bei jeder zweiten Umdrehung einen Arbeitstakt. Daher ist die durch die Verbrennung zugeführte Wärmemenge Q_B

$$Q_B = P_B \cdot 2 \cdot T = 0{,}03\,\text{s} \cdot 3{,}033\,\text{kW} = 91\,\text{J} \tag{5.28}$$

Dies entspricht einer Benzinmasse von 2,2 mg, die im Arbeitstakt im Zylinder verbrannt wird.

5.3.3 Modellierung des Brennverlaufs

Die durch die Verbrennung des Kraftstoffes entstehende Wärme Q_B wird nicht schlagartig frei, sondern es dauert eine gewisse Zeit, bis der Kraftstoff verbrannt ist. Die frei werdende Wärmemenge lässt sich durch folgende Gleichung (Vibe-Brennverlauf) beschreiben [2].

$$Q_B(\varphi) = Q_{B,ges} \cdot \left(1 - e^{-a\left(\frac{\varphi}{\Delta\varphi_V}\right)^{m+1}}\right) \tag{5.29}$$

Die Größen in Gleichung (5.29) haben folgende Bedeutung: φ ist der Kurbelwinkel, $Q_B(\varphi)$ ist die über den Kurbelwinkel zugeführte Wärme, $Q_{B,ges}$ ist die gesamte zugeführte Wärme (hier 91 J), a ist ein Maß für den Umsetzungsgrad des Brennstoffs, m ist der Formparameter, φ_{VB} ist der Brennbeginn in ° Kurbelwinkel, φ_{VE} ist das Brennende in ° Kurbelwinkel und $\Delta\varphi_V = \varphi_{VE} - \varphi_{VB}$ ist die Brenndauer in ° Kurbelwinkel.

Die Klammer in (5.29) heißt auch Durchbrennfunktion. Abb. 5.9 zeigt den Verlauf der Durchbrennfunktion für verschiedene Formparameter m.

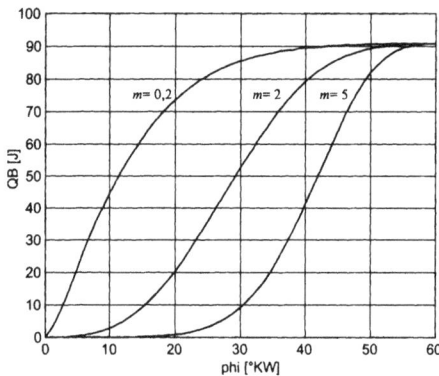

Abb. 5.9: *Einfluss des Formparameters m auf die Durchbrennfunktion*

Leitet man Gleichung (5.29) nach der Zeit ab, so erhält man die Leistung $\dot{Q}_B(\varphi)$. Aus Abb. 5.9 erkennt man, dass vom Formfaktor m der Beginn der Verbrennung, die Brenndauer und die Schwerpunktlage des Wärmeumsatzes abhängt. Er beeinflusst daher auch den Druck- und den Temperaturverlauf im Zylinder und damit den Wirkungsgrad des Motors.

5.3.4 Aufstellen der Differenzialgleichung

Zum Aufstellen der Differenzialgleichung wendet man den 1. Hauptsatz der Thermodynamik auf den Zylinder an. Für ein geschlossenes System (durchlässig für Energie, undurchlässig für Materie) ist die Summe aus der übertragenen Wärme Q und der mechanischen Arbeit W gleich der Änderung der inneren Energie ΔU.

$$Q + W = \Delta U \tag{5.30}$$

Dabei gilt die Vorzeichenkonvention: Die dem System zugeführte Energie ist positiv und die vom System abgegebene Energie ist negativ.

Bezieht man Gleichung (5.30) auf die Zeit, so erhält man

$$\dot{Q} + \dot{W} = \Delta \dot{U} \tag{5.31}$$

mit

$$\dot{Q} = \dot{Q}_{zu} - \dot{Q}_{ab} \tag{5.32}$$

Dabei ist die zugeführte Wärmeleistung $\dot{Q}_{zu}$ die durch die Verbrennung des Kraftstoffs entstehende Wärmeleistung

$$\dot{Q}_{zu} = \dot{Q}_B(\varphi) \tag{5.33}$$

Die abgeführte Wärmeleistung $\dot{Q}_{ab}$ ist die durch Wärmeübergang an die Zylinderwand und an den Kolben abgegebene Wärmeleistung

$$\dot{Q}_{ab} = \alpha \cdot A \cdot (T - T_W) \tag{5.34}$$

In Gleichung (5.34) ist α der Wärmeübergangskoeffizient, A ist die wärmetauschende Fläche, die sich je nach Kurbelwinkel vergrößert oder verkleinert, T ist die Temperatur des Arbeitsgases und T_W ist die Wandtemperatur des Zylinders. Zur Vereinfachung werden der Wärmeübergangskoeffizient und die Wandtemperatur als konstant angenommen. Die wärmetauschende Fläche A ist eine Funktion des Kurbelwinkels φ und wird durch folgende Gleichung beschrieben

$$A(\varphi) = 2 \cdot \pi \cdot \frac{d^2}{4} + \pi \cdot d \cdot s \tag{5.35}$$

Dabei ist s der Abstand des Kolbens zum oberen Totpunkt (OT).

$$s = r + l - x \tag{5.36}$$

x ist der Abstand des Kolbens zum Drehpunkt der Kurbelwelle (s. Abb. 5.10).

$$x(\varphi) = r \cdot \left(\cos\varphi + \frac{1}{\lambda} - \frac{\lambda}{4} + \frac{\lambda}{4} \cdot \cos 2\varphi \right) \tag{5.37}$$

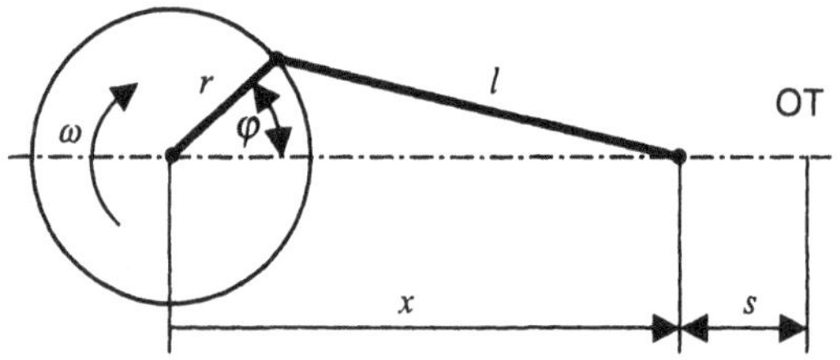

Abb. 5.10: *Kurbelgeometrie*

Die Volumenänderungsarbeit bei o. a. System ist

$$dW = -p \cdot dV \tag{5.38}$$

Die mechanische Leistung an der Kurbelwelle ist dann der Bezug von (5.38) auf die Zeit.

$$\dot{W} = \frac{dW}{dt} = -p \cdot \frac{dV}{dt} \tag{5.39}$$

p ist der momentane Zylinderinnendruck und dV/dt ist die zeitliche Änderung des Zylindervolumens. Das Zylindervolumen setzt sich zusammen aus dem Kompressionsvolumen V_c und dem vom Kurbelwinkel abhängigen Hubvolumen.

$$V(\varphi) = V_c + \pi \cdot \frac{d^2}{4} \cdot s(\varphi) \tag{5.40}$$

Die Änderung der inneren Energie ΔU ist

$$\Delta U = c_V \cdot m \cdot (T - T_0) \tag{5.41}$$

In Gleichung (5.41) ist c_v die spezifische Wärmekapazität des Arbeitsgases, m die Masse des Arbeitsgases, T die Temperatur des Arbeitsgases und T_0 ist eine konstante Bezugstemperatur.

Leitet man Gleichung (5.41) nach der Zeit ab, so verschwindet die Ableitung der konstanten Bezugstemperatur und man erhält

$$\Delta \dot{U} = c_V \cdot m \cdot \dot{T} \tag{5.42}$$

Für den 1. Hauptsatz ergibt sich dann mit den Gleichungen (5.31), (5.32), (5.33), (5.34), (5.35) und (5.42)

$$\dot{Q}_B - \alpha \cdot A(\varphi) \cdot (T - T_W) - p\frac{dV(\varphi)}{dt} = c_V \cdot m \cdot \dot{T} \tag{5.43}$$

Der Druck p in (5.43) lässt sich mit Hilfe der idealen Gasgleichung berechnen.

$$p = \frac{m \cdot R \cdot T}{V} \qquad (5.44)$$

Darin ist R die spezielle Gaskonstante.

5.3.5   Simulation

Das Blockschaltbild zeigt Abb. 5.11.

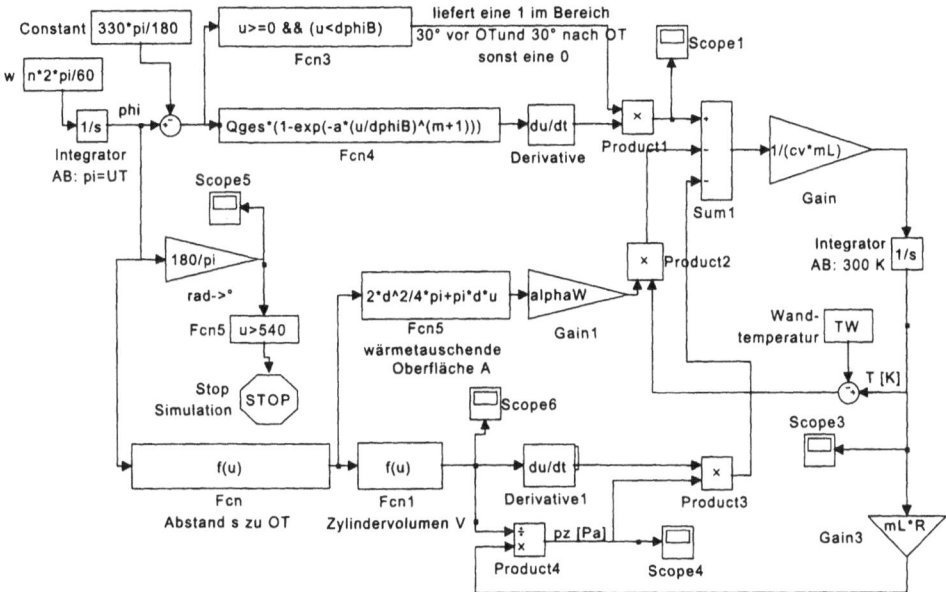

Abb. 5.11: *Blockschaltbild (ottomotor.mdl)*

Die Summationsstelle *Sum1* liefert gem. Gleichung (5.43) die Temperaturänderung $\dot{T}$. Die Integration ergibt dann die Gastemperatur. Die Anfangsbedingung des Integrierers ist 300 K. Die zugeführte Leistung wird mit den Blöcken *Fcn4* und *Derivative* berechnet. Da diese Leistung jedoch nur im Fenster zwischen 30° vor OT (= 330°) und 30° nach OT (= 390°) in den Prozess eingeht, wird die Berechnung außerhalb dieses Fensters einfach mit Hilfe der Blöcke *Product1* und *Fcn3* ausgeblendet. Der Kurbelwinkel wird durch Integration der Winkelgeschwindigkeit berechnet (Anfangsbedingung = π = UT). Daraus ergeben sich mit den Blöcken *Fcn* und *Fcn1* der Abstand s zum OT und das Zylindervolumen V. Die Blöcke *Fcn5*, *Gain1* und *Product2* berechnen die abgeführte Wärmeleistung gemäß Gleichung (5.34) in Verbindung mit Gleichung (5.35). Die mechanische Leistung ist schließlich der dritte Eingang der Summationsstelle *Sum1*.

Die Bilder Abb. 5.12, Abb. 5.13 und Abb. 5.14 zeigen das Ergebnis der Simulation.

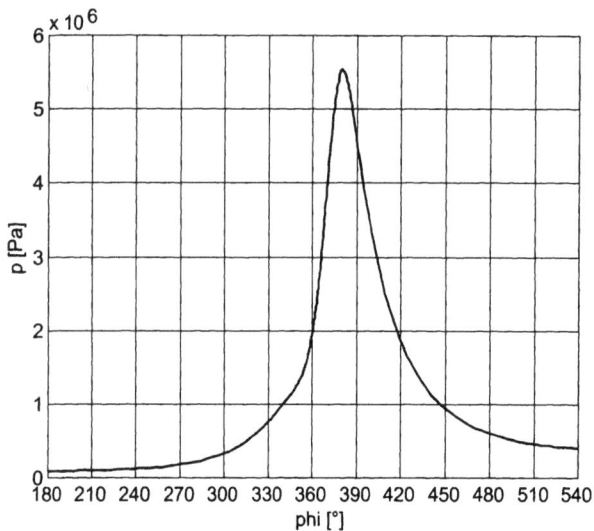

Abb. 5.12: *Zylinderinnendruck als Funktion des Kurbelwinkels*

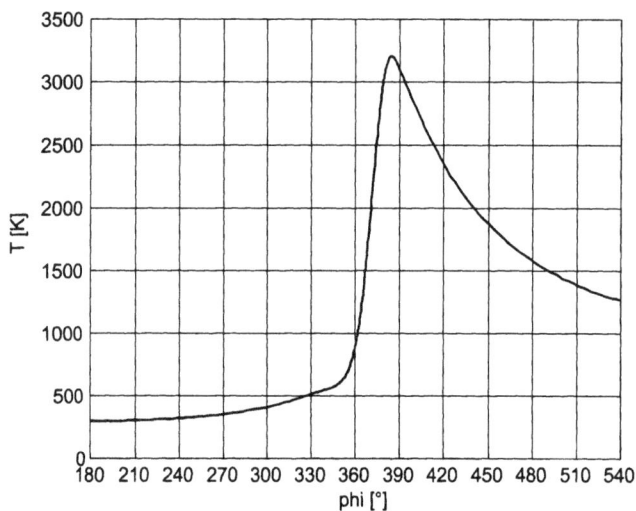

Abb. 5.13: *Gastemperatur als Funktion des Kurbelwinkels*

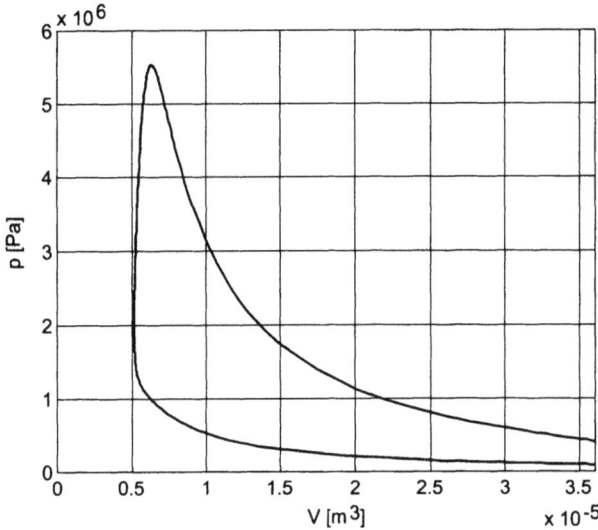

Abb. 5.14: *Zylinderinnendruck als Funktion des Hubvolumens*

Aufgrund der Kompression, die wegen des Wärmeaustausches zwischen Zylinderwand und Arbeitsgas eine polytrope Zustandsänderung darstellt, steigen Druck und Temperatur an. 30° vor OT setzt die Verbrennung ein und der Anstieg wird steiler. Druck- und Temperaturmaximum werden nach dem oberen Totpunkt erreicht. Mit dem Rückgang des Kolbens werden die Werte wieder kleiner. Abb. 5.14 zeigt das p-V-Diagramm des Verdichtungs- und Arbeitstaktes. Die umschlossene Fläche ist unter Vernachlässigung der Ladungswechselschleife die indizierte Arbeit.

5.4 Wärmetauscher

Abb. 5.15 zeigt einen Gegenstromwärmetauscher, der einen heißen Ölstrom abkühlen soll. Als Kühlmedium steht Wasser zur Verfügung. Das heiße Öl tritt von links in das innere Rohr des Wärmetauschers ein. Im Gegenstrom fließt kaltes Wasser von rechts nach links und wird infolge des Wärmedurchgangs erwärmt. Der Wärmetauscher ist nach außen hin isoliert, so dass dort keine Wärmeverluste auftreten. Die Ölaustrittstemperatur soll nun auf einen konstanten Wert (Festwertregelung) geregelt werden (s. Abb. 5.16). Hierzu wird diese Temperatur gemessen, mit dem Sollwert verglichen und die Differenz wird einem Regler zugeführt. Der Regler liefert als Stellgröße einen Sollwert für das stellungsgeregelte Wasserventil. Ist die Öltemperatur zu niedrig, dann muss der Regler den Öffnungsgrad des Wasserventils reduzieren. Ist sie zu hoch, muss das Wasserventil weiter geöffnet werden.

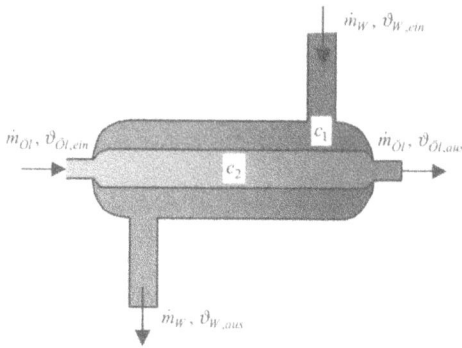

Abb. 5.15: *Gegenstromwärmetauscher*

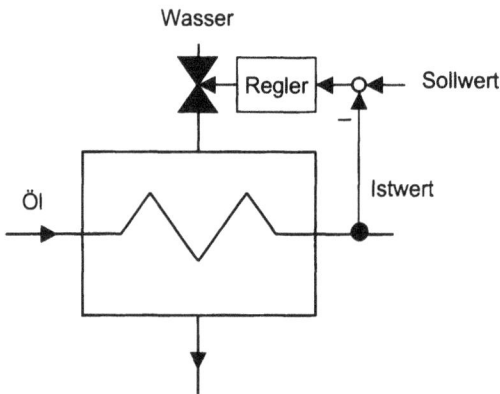

Abb. 5.16: *Wärmetauscher mit Temperaturregelung*

Zahlenwerte:

$\dot{m}_{\text{Öl}}$	$= 500$ kg/h	Ölmassenstrom
$c_{\text{Öl}}$	$= 1{,}6$ kJ/(kg K)	spezifische Wärmekapazität, Öl
c_W	$= 4{,}2$ kJ/(kg K)	spezifische Wärmekapazität, Wasser
A	$= 5$ m^2	Wärmedurchgangsfläche
k	$= 85$ W/(m^{2}K)	Wärmedurchgangskoeffizient
$m_{\text{Öl}}$	$= 75$ kg	Ölmasse im Wärmetauscher
m_W	$= 100$ kg	Wassermasse im Wärmetauscher
$\vartheta_{\text{Öl,ein}}$	$= 120°$C	Öleintrittstemperatur
$\vartheta_{\text{Öl,aus}}$	$= 33{,}8°$C	Ölaustrittstemperatur
$\vartheta_{W,\text{ein}}$	$= 10°$C	Wassereintrittstemperatur

5.4.1 Aufstellen der Differenzialgleichung

Zum Aufstellen der Differenzialgleichung legt man zunächst einen Kontrollraum um das innere Rohr und stellt eine Leistungsbilanz für diesen Kontrollraum auf.

$$P_{zu} - P_{ab} = \frac{dE_{th}}{dt} \tag{5.45}$$

In Worten lautet die Leistungsbilanz: Die Differenz zwischen der zugeführten Leistung P_{zu} und der abgeführten Leistung P_{ab} führt zu einer zeitlichen Änderung des thermischen Energieinhalts $\frac{dE_{th}}{dt}$ des Öls im Innenrohr.

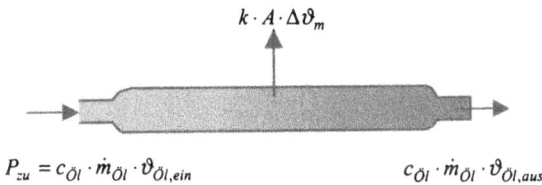

Abb. 5.17: Kontrollraum Innenrohr

Dem Kontrollraum wird durch den zufließenden Ölmassenstrom Wärmeleistung zugeführt.

$$P_{zu} = c_{\ddot{O}l} \cdot \dot{m}_{\ddot{O}l} \cdot \vartheta_{\ddot{O}l,ein} \tag{5.46}$$

Sie ist das Produkt aus der spezifischen Wärmekapazität, dem Ölmassenstrom und der Öleintrittstemperatur. Die Abfuhr von Wärmeleistung aus dem Kontrollraum geschieht zum einen durch den abfließenden Ölmassenstrom und zum anderen durch die Übertragung von Wärmeleistung durch die Rohrwand auf das Kühlwasser (zweiter Summand in (5.47)).

$$P_{ab} = c_{\ddot{O}l} \cdot \dot{m}_{\ddot{O}l} \cdot \vartheta_{\ddot{O}l,aus} + k \cdot A \cdot \Delta\vartheta_m \tag{5.47}$$

Der Wärmedurchgangskoeffizient k hängt natürlich vom Strömungszustand (laminar oder turbulent) und damit von der Strömungsgeschwindigkeit ab. Hier soll er aber vereinfacht als konstant angenommen werden. A ist die wärmetauschende Fläche. Für das treibende Temperaturgefälle $\Delta\vartheta_m$ nimmt man die logarithmische Temperaturdifferenz, die sich aus den Ein- und Austrittstemperaturen über

$$\Delta\vartheta_m = \frac{\Delta\vartheta_{\text{groß}} - \Delta\vartheta_{\text{klein}}}{\ln\frac{\Delta\vartheta_{\text{groß}}}{\Delta\vartheta_{\text{klein}}}} = \frac{\vartheta_{\ddot{O}l,ein} - \vartheta_{W,aus} - \left(\vartheta_{\ddot{O}l,aus} - \vartheta_{W,ein}\right)}{\ln\frac{\vartheta_{\ddot{O}l,ein} - \vartheta_{W,aus}}{\vartheta_{\ddot{O}l,aus} - \vartheta_{W,ein}}} \tag{5.48}$$

berechnet (s. Abb. 5.18).

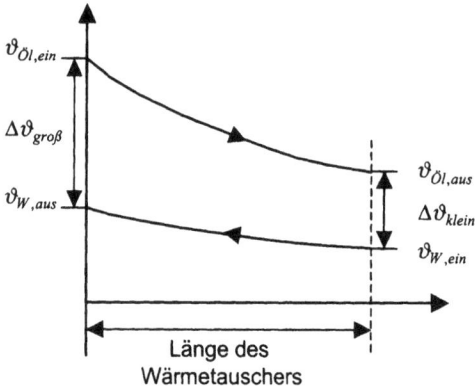

Abb. 5.18: *Temperaturverlauf im Wärmetauscher*

Die zeitliche Änderung des thermischen Energieinhaltes $\frac{dE_{th}}{dt}$ des Öls im Innenrohr ist proportional zur zeitlichen Änderung der Ölaustrittstemperatur.

$$\frac{dE_{th}}{dt} = c_{\ddot{O}l} \cdot m_{\ddot{O}l} \cdot \dot{\vartheta}_{\ddot{O}l,aus} \tag{5.49}$$

Der Proportionalitätsfaktor ist das Produkt aus der spezifischen Wärmekapazität und der Ölmasse im Kontrollraum. Für das Innenrohr ergibt sich mit (5.46), (5.47), (5.48) und (5.49) folgende Differenzialgleichung

$$c_{\ddot{O}l} \cdot \dot{m}_{\ddot{O}l} \cdot \left(\vartheta_{\ddot{O}l,ein} - \vartheta_{\ddot{O}l,aus}\right) - k \cdot A \cdot \Delta\vartheta_m = c_{\ddot{O}l} \cdot m_{\ddot{O}l} \cdot \dot{\vartheta}_{\ddot{O}l,aus} \tag{5.50}$$

Für den wasserführenden Teil des Wärmetauschers (Mantelrohr) ergibt sich entsprechend

$$c_W \cdot \dot{m}_W \cdot (\vartheta_{W,ein} - \vartheta_{W,aus}) + k \cdot A \cdot \Delta\vartheta_m = c_W \cdot m_W \cdot \dot{\vartheta}_{W,aus} \tag{5.51}$$

Der übertragene Wärmestrom ist in (5.51) positiv, weil er dem Kontrollraum zugeführt wird.

Bei (5.50) und (5.51) handelt es sich um Differenzialgleichungen erster Ordnung, die über den Wärmeübertragungsterm nichtlinear gekoppelt sind.

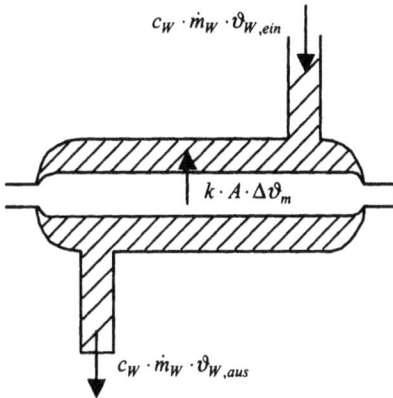

Abb. 5.19: *Kontrollraum Mantelrohr (schraffiert)*

5.4.2   Berechnung der stationären Werte

Im stationären Fall sind die Temperaturen des austretenden Wassers und des Öls konstant, d. h., für die Temperaturänderungen gilt $\dot{\vartheta}_{\text{Öl,aus}} = \dot{\vartheta}_{\text{W,aus}} = 0$. Löst man (5.50) und (5.51) nach $k \cdot A \cdot \Delta\vartheta_m$ auf und setzt beide Seiten gleich, so erhält man

$$c_{\text{Öl}} \cdot \dot{m}_{\text{Öl}} \cdot \left(\vartheta_{\text{Öl,ein}} - \vartheta_{\text{Öl,aus}}\right) = c_W \cdot \dot{m}_W \cdot \left(\vartheta_{\text{W,aus}} - \vartheta_{\text{W,ein}}\right) \qquad (5.52)$$

Der gesamte dem Öl entzogene Wärmestrom wird auf das Wasser übertragen. Mit Hilfe von (5.52) lässt sich nun bei festgelegter Wasseraustrittstemperatur der erforderliche Kühlwassermassenstrom berechnen. Für 43°C Wasseraustrittstemperatur beträgt der Kühlwassermassenstrom 498,6 kg/h.

5.4.3   Simulation des ungeregelten Systems

Für den Aufbau des Blockschaltbildes werden die Differenzialgleichungen (5.50) und (5.51) nach $\dot{\vartheta}_{\text{Öl,aus}}$ und $\dot{\vartheta}_{\text{W,aus}}$ aufgelöst

$$\dot{\vartheta}_{\text{Öl,aus}} = \frac{c_{\text{Öl}} \cdot \dot{m}_{\text{Öl}} \cdot \left(\vartheta_{\text{Öl,ein}} - \vartheta_{\text{Öl,aus}}\right) - k \cdot A \cdot \Delta\vartheta_m}{c_{\text{Öl}} \cdot m_{\text{Öl}}} \qquad (5.53)$$

$$\dot{\vartheta}_{\text{W,aus}} = \frac{c_W \cdot \dot{m}_W \cdot \left(\vartheta_{\text{W,ein}} - \vartheta_{\text{W,aus}}\right) + k \cdot A \cdot \Delta\vartheta_m}{c_W \cdot m_W} \qquad (5.54)$$

und es werden die rechten Seiten aufgebaut (s. Abb. 5.20).

Die Temperaturdifferenz für das Öl wird an der oberen Summationsstelle gebildet und mit der spezifischen Wärmekapazität (Block *Gain*) multipliziert. Die Multiplikation mit dem Ölmassenstrom wird über die Blöcke *Product* und *Step* realisiert, um den

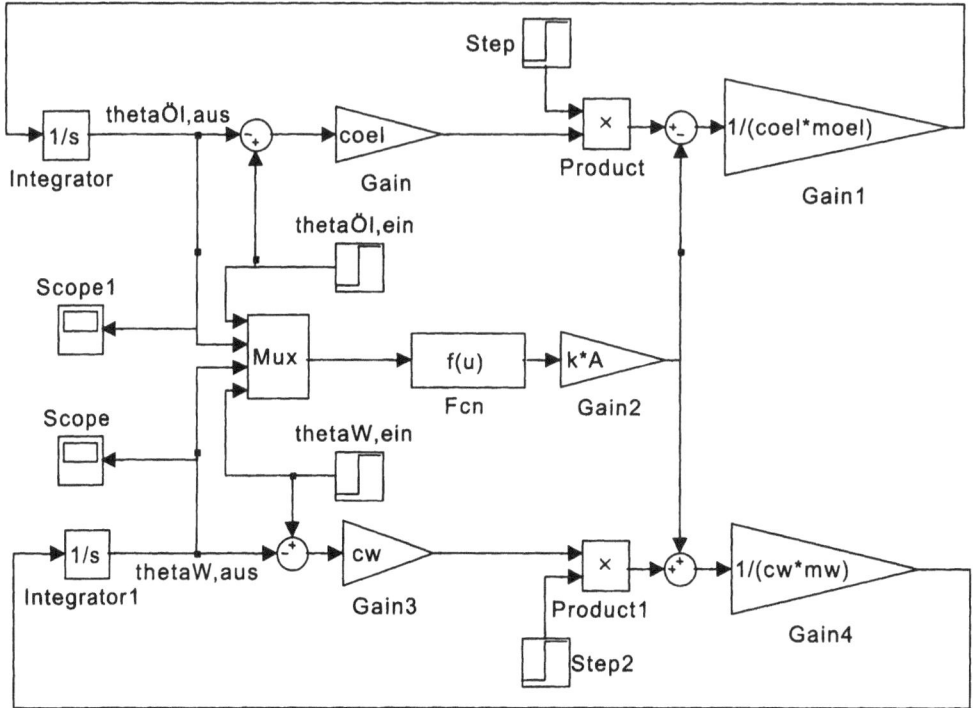

Abb. 5.20: *Blockschaltbild (waermetauscher1.mdl)*

Massenstrom zu variieren. An der nachfolgenden Summationsstelle wird die übertragene Leistung abgezogen. Die Division durch das Produkt aus der konstanten spezifischen Wärmekapazität und der konstanten Ölmasse im Wärmetauscher erfolgt durch den Block *Gain1*. Der Ausgang liefert die Temperaturänderung des Öls und wird im Block *Integrator* zur Öltemperatur aufintegriert. Der Integrierer erhält als Anfangsbedingung 35°C.

Die zweite Differenzialgleichung ist ebenso aufgebaut. Die Berechnung der logarithmischen Temperaturdifferenz geschieht in dem Funktionsblock *Fcn*. Die dort benötigten Temperaturwerte werden mit Hilfe des Blockes *Mux* zusammengefasst.

Abb. 5.21 zeigt die Reaktion des Systems auf eine Änderung des Ölmassenstromes und der Öleintrittstemperatur.

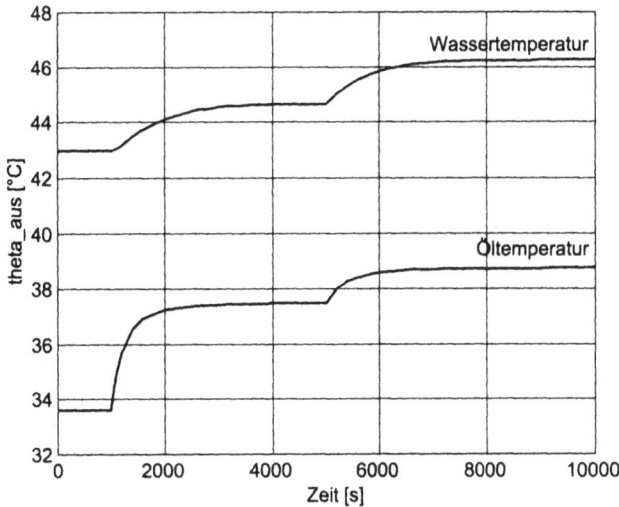

Abb. 5.21: *Sprungantworten*

Vom stationären Zustand ausgehend wird bei $t = 1000$ s der Ölmassenstrom von 500 kg/h um 10 % erhöht. Sowohl die Wassertemperatur als auch die Öltemperatur am Wärmetauscheraustritt steigen an. Das dynamische Verhalten ist jedoch unterschiedlich, weil sowohl die spezifischen Wärmekapazitäten als auch die Volumina im Wärmetauscher unterschiedlich sind. Die Reaktion der Öltemperatur ist wesentlich schneller. Bei $t = 5000$ s wird die Öleintrittstemperatur sprungförmig auf 125°C erhöht. Das dynamische Verhalten der Öltemperatur ist ungefähr gleich, aber die Erhöhung der Wassertemperatur fällt wesentlich größer aus als die der Öltemperatur.

5.4.4 Experimenteller Reglerentwurf

Die Bestimmung der Reglerparameter für die Regelung der Ölaustrittstemperatur soll nun mit Hilfe der Sprungantwort des geschlossenen Regelkreises ermittelt werden. Von der Struktur her wird man einen PID-Regler wählen. Ein Integralanteil ist unbedingt erforderlich, wenn die Regelung stationär genau arbeiten soll, das heißt, der Istwert muss nach einer gewissen Zeit gleich dem Sollwert sein. Hätte man nämlich nur Proportionalverhalten und der Istwert wäre gleich dem Sollwert, dann wäre die Regelabweichung null. Ein P-Regler würde aber dann 0 % Öffnungsgrad für das Wasserventil ausgeben, was bedeutet, dass kein Kühlwasser fließt. Das aber ist ein Widerspruch zur o. a. Annahme Sollwert = Istwert. Der P-Regler lebt also von der Regelabweichung. Der Integrierer des Reglers läuft dagegen so lange, bis an seinem Eingang eine null erscheint. Im stationären Zustand liefert also der I-Anteil die erforderliche Ventilstellung.

Der ideale PID-Regler wird im Zeitbereich durch folgende Gleichung beschrieben

$$u = K \cdot \left(e + \frac{1}{T_N} \cdot \int_0^t e \, dt + T_V \cdot \dot{e} \right) \tag{5.55}$$

Im Laplace-Bereich hat der Regler die Übertragungsfunktion

$$G_R(s) = K \cdot \left(1 + \frac{1}{T_N \cdot s} + T_V \cdot s \right) \tag{5.56}$$

Dabei ist K die Reglerverstärkung, T_N die Nachstellzeit, T_V die Vorhaltzeit und e die Regelabweichung. u ist die Stellgröße des Reglers (Ventilstellung). Beim realen PID-Regler wird, um die Störwelligkeit etwas zu unterdrücken, der D-Anteil um einen Tiefpass mit der Filterzeitkonstante T_F ergänzt. Die Übertragungsfunktion lautet dann

$$G_R(s) = K \cdot \left(1 + \frac{1}{T_N \cdot s} + \frac{T_V \cdot s}{T_F \cdot s + 1} \right) \tag{5.57}$$

Wie wählt man nun die Reglerparameter?

- Zunächst schaltet man den D-Anteil und den I-Anteil aus ($T_V = 0$, $T_N = \infty$). Es verbleibt also nur noch ein P-Regler.

- Anschließend erhöht man die Reglerverstärkung K so weit, bis das System nach einem Sollwertsprung mit einigen Überschwingern auf den stationären Endwert einschwingt.

- Dann liest man die Schwingungsdauer T_S ab.

- Nun berechnet man die Vorhaltzeit $T_V = \frac{T_S}{2\pi}$.

- Zuletzt berechnet man die Nachstellzeit $T_N = 10 \cdot T_V$.

Abb. 5.22 zeigt das Blockschaltbild des Temperaturreglers. Der Istwert wird dem Regler über den *From*-Block zugeführt. Der entsprechende *Goto*-Block ist mit der Ölaustrittstemperatur verbunden. Dadurch vermeidet man quer laufende Verbindungslinien, die die Übersichtlichkeit einschränken. Das Übertragungsglied *Transfer Fcn (with initial outputs)* bildet das dynamische Verhalten des Stellungsreglers des Stellventils nach. Der Verstärkungsfaktor ist so gewählt, dass bei 100% Ventilstellung 0,5 kg/s Wasser fließen. Der Blockausgang wird mit dem Wassermassenstrom initialisiert, der zur stationären Öltemperatur gehört.

Der Regler ist in dem *SubSystem*-Block enthalten. Das Innenleben dieses Blockes zeigt Abb. 5.23. Der reale D-Anteil wird durch den Block *Transfer Fcn* realisiert mit einer Filterzeitkonstanten von 1 s. Die Reglerverstärkung *Gain5* ist negativ, sonst stimmt der Wirkungssinn der Regelung nicht. Die Reglerausgangsgröße (Öffnungsgrad des Wasserventils) wird durch *Saturation* auf 0% bis 100% begrenzt.

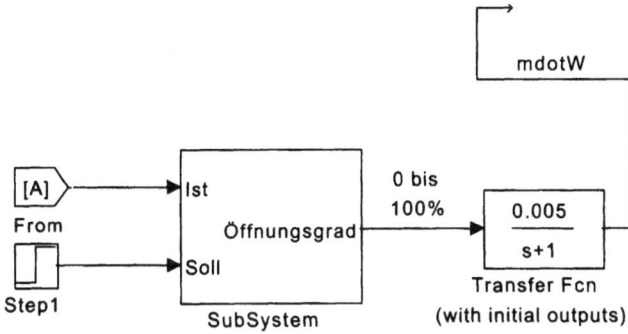

Abb. 5.22: *Temperaturregler (waermetauscher2.mdl)*

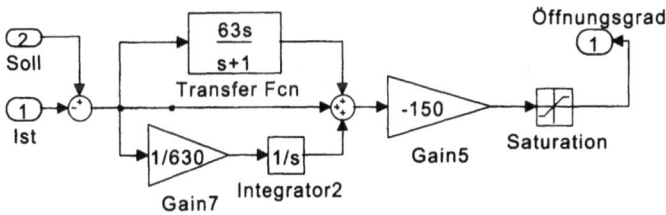

Abb. 5.23: *Subsystem PID-Regler*

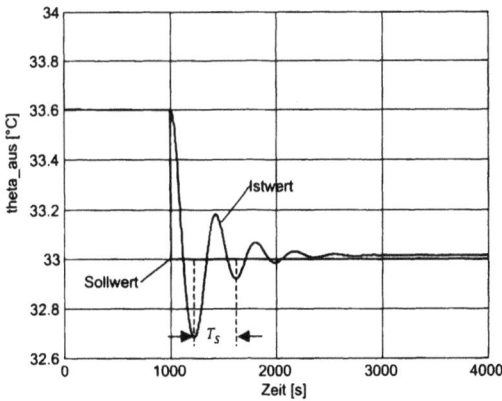

Abb. 5.24: *Sprungantwort mit P-Regler*

Abb. 5.24 zeigt das Führungsverhalten mit einem P-Regler für einen Sollwertsprung (abwärts 33,6°C auf 33°C). Man erkennt deutlich die bleibende Regelabweichung, das heißt, der Regler arbeitet nicht stationär genau.

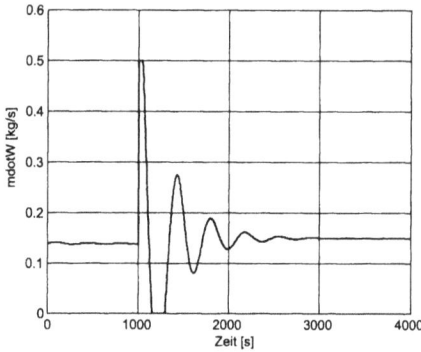

Abb. 5.25: *Stellgröße (Kühlwassermassenstrom)*

Für die Schwingungsdauer liest man die Zeit $T_S = 392$ s ab. Für die Vorhaltezeit ergibt sich damit $T_V = \frac{392\,\text{s}}{2\pi} = 63$ s und für die Nachstellzeit $T_N = 10 \cdot T_V = 630$ s. Die Reglerverstärkung $K = -150$ bleibt erhalten. Damit liegen alle Reglerparameter fest.

Abb. 5.25 zeigt die Stellgröße des P-Reglers, die sofort die obere und untere Begrenzung erreicht.

5.4.5   Führungs- und Störverhalten

Abb. 5.26 zeigt die Simulation des Regelkreises.

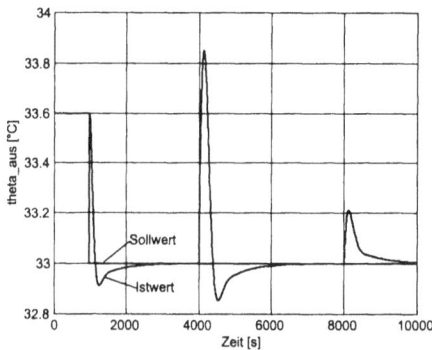

Abb. 5.26: *Ölaustrittstemperatur (Sollwert, Istwert)*

Bei $t = 1000$ s wird der Temperatursollwert sprungförmig um 0,6°C reduziert. Mit einem kleinen Überschwinger wird der neue Sollwert ausreichend schnell erreicht. Anschließend werden die gleichen Störungen aufgeschaltet wie beim ungeregelten System: sprungförmige Erhöhung des Ölmassenstromes bei $t = 4000$ s um 10% und sprungförmige Erhöhung der Öleintrittstemperatur um 5°C. Die Störungen schlagen relativ stark durch. Der Grund ist darin zu sehen, dass das Wasserventil in die Begrenzung geht (s. Abb. 5.27).

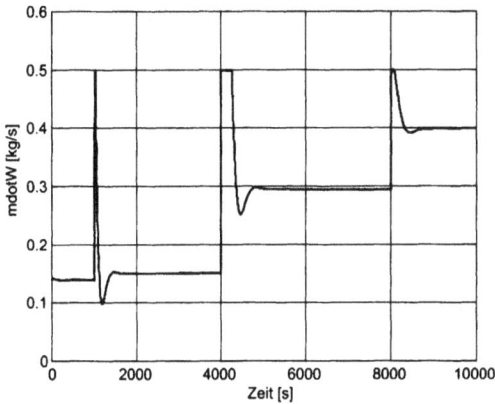

Abb. 5.27: *Stellgröße (Kühlwassermassenstrom)*

5.5   Instationärer Wärmetransport

Abb. 5.28 zeigt einen Kupferstab mit rechteckigem Querschnitt.

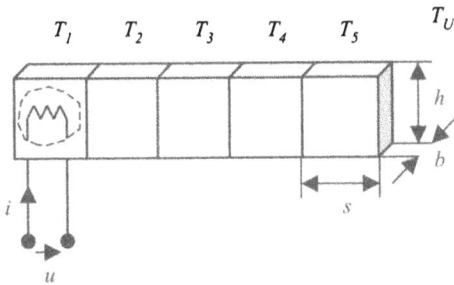

Abb. 5.28: *Elektrisch beheizter Kupferstab [11]*

Der Stab wird am linken vorderen Ende mit einer elektrischen Heizung, die im Stab untergebracht ist, beheizt. Die dort eingebrachte Wärme wird durch den Stab nach rechts geleitet. Gleichzeitig entstehen Wärmeverluste aufgrund der Wärmeübertragung der warmen Staboberfläche an die kühlere Umgebungsluft. Strahlungsverluste können wegen der geringen Temperatur vernachlässigt werden. Beim Einschalten der Heizung hat der Stab Umgebungstemperatur T_U.

Zahlenwerte:

ρ	$= 8930 \text{ kg/m}^3$	Dichte, Kupfer
c	$= 394 \text{ J/(kg K)}$	Spezifische Wärmekapazität, Kupfer
λ	$= 384 \text{ W/(m K)}$	Wärmeleitkoeffizient, Kupfer
α	$= 40 \text{ W/(m}^2\text{K)}$	Wärmeübergangskoeffizient
s	$= 0{,}02 \text{ m}$	Länge eines Segmentes
b	$= 0{,}005 \text{ m}$	Breite des Stabes
h	$= 0{,}04 \text{ m}$	Höhe des Stabes
P_{el}	$= 5 \text{ W}$	Heizleistung
T_U	$= 20°\text{C}$	Umgebungstemperatur

5.5.1 Aufstellen der Differenzialgleichungen

Zum Aufstellen der Differenzialgleichungen teilt man den Stab z. B. in fünf gleiche Segmente, in denen die Temperatur als homogen angenommen wird. Anschließend legt man einen Kontrollraum um jedes Segment und stellt eine Leistungsbilanz für diesen Kontrollraum auf.

$$P_{zu} - P_{ab} = \frac{dE_{th}}{dt} \tag{5.58}$$

In Worten lautet die Leistungsbilanz: Die Differenz zwischen der zugeführten Leistung P_{zu} und der abgeführten Leistung P_{ab} führt zu einer zeitlichen Änderung des thermischen Energieinhaltes $\frac{dE_{th}}{dt}$ des Segmentes.

Für das erste Segment ist die zugeführte Leistung P_{el}. Durch freie Konvektion, d. h. die Luftströmung erfolgt allein aufgrund von Dichteunterschieden der Luft, wird das Segment abgekühlt und es wird Wärmeleistung P_{konv} abgeführt.

$$P_{konv} = \alpha \cdot A \cdot (T_1 - T_U) \tag{5.59}$$

α ist der Wärmeübergangskoeffizient, $A = 2 \cdot s \cdot (b + h)$ ist die wärmeabgebende Oberfläche (Stirnseite vernachlässigt) und $T_1 - T_U$ ist das treibende Temperaturgefälle. Ein weiterer Anteil der Wärmeleistung wird durch Wärmeleitung (Konduktion) an das zweite Segment abgeführt.

$$P_{kond} = \frac{\lambda}{s} \cdot b \cdot h \cdot (T_1 - T_2) \tag{5.60}$$

λ ist der Wärmeleitkoeffizient des Materials, $b \cdot h$ ist die Querschnittsfläche und s ist die Segmentlänge. Das treibende Temperaturgefälle ist hier die Differenz der Segmenttemperaturen.

Die zeitliche Änderung des thermischen Energieinhaltes $\frac{dE_{th}}{dt}$ des ersten Segmentes ist

$$\frac{dE_{th}}{dt} = c \cdot m \cdot \dot{T}_1 \tag{5.61}$$

c ist die spezifische Wärmekapazität und m die Masse eines Segmentes. Die Zusammenfassung der Gleichungen (5.59), (5.60) und (5.61) ergibt die Differenzialgleichung für das erste Segment.

$$1: P_{el} - \alpha \cdot A \cdot (T_1 - T_U) - \frac{\lambda}{s} \cdot b \cdot h \cdot (T_1 - T_2) = c \cdot m \cdot \dot{T}_1 \qquad (5.62)$$

Für die weiteren Segmente gilt analog

$$2: \frac{\lambda}{s} \cdot b \cdot h \cdot (T_1 - T_2) - \alpha \cdot A \cdot (T_2 - T_U) - \frac{\lambda}{s} \cdot b \cdot h \cdot (T_2 - T_3) = c \cdot m \cdot \dot{T}_2 \quad (5.63)$$

$$3: \frac{\lambda}{s} \cdot b \cdot h \cdot (T_2 - T_3) - \alpha \cdot A \cdot (T_3 - T_U) - \frac{\lambda}{s} \cdot b \cdot h \cdot (T_3 - T_4) = c \cdot m \cdot \dot{T}_3 \quad (5.64)$$

$$4: \frac{\lambda}{s} \cdot b \cdot h \cdot (T_3 - T_4) - \alpha \cdot A \cdot (T_4 - T_U) - \frac{\lambda}{s} \cdot b \cdot h \cdot (T_4 - T_5) = c \cdot m \cdot \dot{T}_4 \quad (5.65)$$

$$5: \frac{\lambda}{s} \cdot b \cdot h \cdot (T_4 - T_5) - \alpha \cdot A \cdot (T_5 - T_U) = c \cdot m \cdot \dot{T}_5 \qquad (5.66)$$

5.5.2 Simulation

Zum Aufstellen des Blockschaltbildes ist es zweckmäßig, für jedes Segment ein eigenes Subsystem zu erstellen (s. Abb. 5.29).

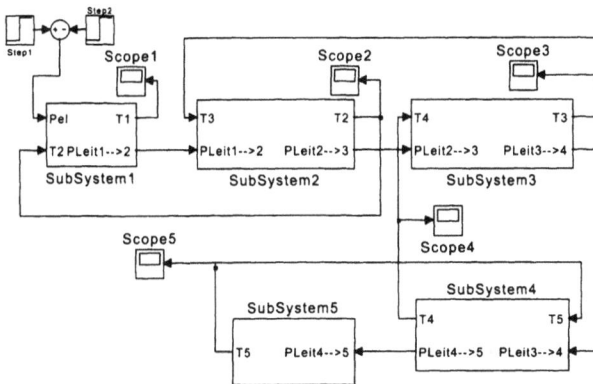

Abb. 5.29: *Blockschaltbild (waermeleitung.mdl)*

Den Aufbau des Subsystems von Segment 2 zeigt Abb. 5.30.

Eingangsgrößen sind die Temperatur des nachfolgenden Segmentes und die durch Konduktion übertragene Wärmeleistung aus dem vorhergehenden Segment. Der Ausgang der Summationsstelle ergibt die rechte Seite der Differenzialgleichung (5.63). Nach Division durch die Masse und die spezifische Wärmekapazität liefert der Block *Integrator*

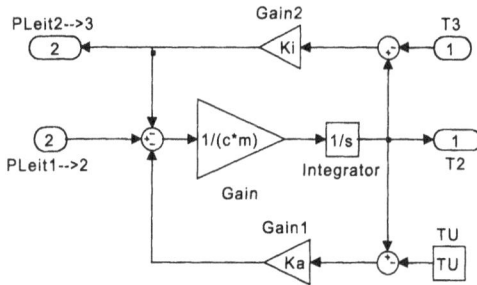

Abb. 5.30: *Subsystem Segment 2*

die Segmenttemperatur. Der Integrierer ist mit der Umgebungstemperatur als Anfangsbedingung initialisiert. Die Ausgangsgrößen des Subsystems sind die Segmenttemperatur und die an den nachfolgenden Abschnitt übertragene Wärmeleistung. Die anderen
Stabsegmente sind analog aufgebaut.

Abb. 5.31 zeigt das Ergebnis der Simulation, wenn eine Heizleistung von 5 W eingebracht wird. Die Temperaturen steigen verzögert an. Die stationären Werte werden
wegen der auftretenden Verluste (Wärmeübertragung an die Luft) zu höheren Segment-
nummern kleiner.

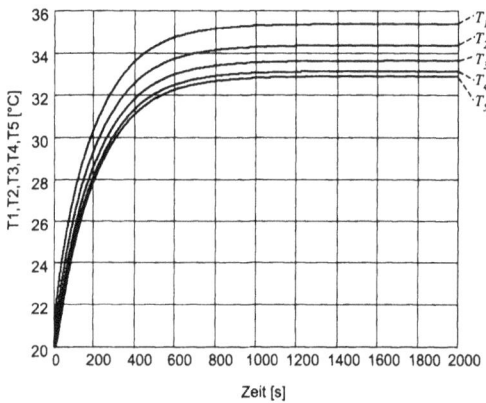

Abb. 5.31: *Temperaturverlauf in den Segmenten als Funktion der Zeit*

Abb. 5.32 zeigt den Temperaturverlauf über den Stab für verschiedene Zeiten. Zu Beginn
haben alle Stababschnitte Umgebungstemperatur.

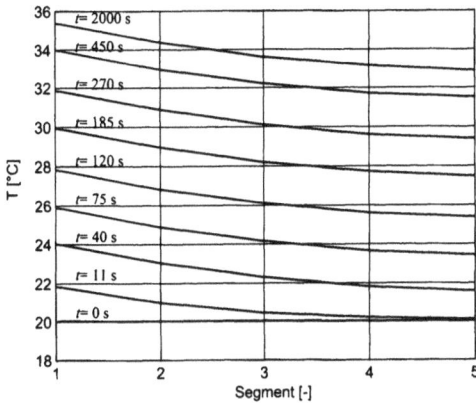

Abb. 5.32: *Temperaturverlauf im Stab für verschiedene Zeiten*

Addiert man im stationären Zustand mit dem MATLAB-Befehl

`alpha*A*(T1(4001,2)+T2(4001,2)+T3(4001,2)+T4(4001,2)+`

`T5(4001,2)-5*TU)`

`ans = 4.9998`

die Einzelverluste der Stababschnitte auf, so erhält man als Plausibilitätskontrolle wieder die 5 W Heizleistung.

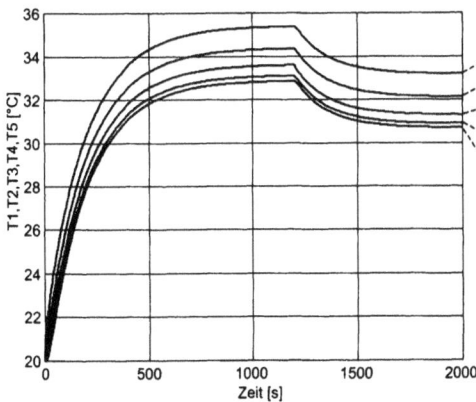

Abb. 5.33: *Temperaturverlauf in den Segmenten als Funktion der Zeit*

Abb. 5.33 zeigt die gleiche Simulation wie Abb. 5.31. Jedoch wurde bei $t = 1200$ s der Wärmeübergangskoeffizient in Segment 3 verdoppelt. Experimentell könnte man dies durch erzwungene Konvektion (z. B. Anblasen) realisieren. Alle Temperaturen nehmen daraufhin ab. Mit Hilfe der MATLAB-Befehle

```
figure
hold on TMatrix=[];
kk=1:80:length(T1);
fork=1:80:length(T1);
  T=[T1(k,2),T2(k,2),T3(k,2),T4(k,2),T5(k,2)];
    TMatrix=[TMatrix;T];
  end
hold off
surf(x,kk,TMatrix)
```

lässt sich eine 3D-Darstellung erreichen (s. Abb. 5.34).

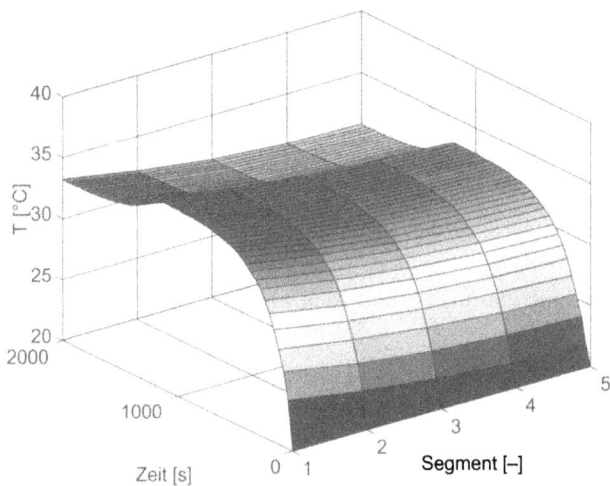

Abb. 5.34: 3-D-Plot von Abb. 5.33

6 Elektrische Systeme

6.1 Drehzahlregelung eines DC-Motors

Abb. 6.1 zeigt den Aufbau einer Drehzahlregelung eines Gleichstrommotors.

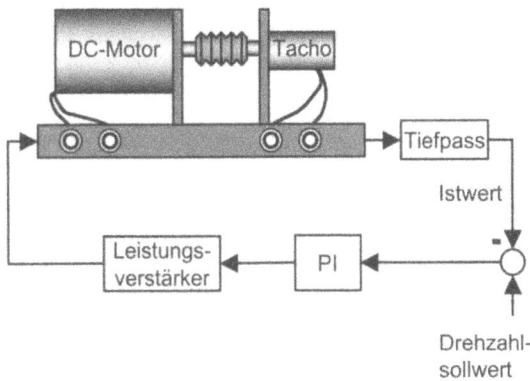

Abb. 6.1: DC-Motor mit Tachogenerator

Der permanenterregte Gleichstrommotor (DC-Motor) ist über eine biegeweiche, aber torsionssteife Faltenbalgkupplung mit einem weiteren Gleichstrommotor verbunden, der als Tachogenerator arbeitet. Der Tacho liefert ein zur Drehzahl proportionales Spannungssignal. Dieses Signal ist allerdings sehr wellig und wird daher mit einem Tiefpass-filter geglättet. Die Abweichung des Drehzahlistwertes zum Drehzahlsollwert ist die Eingangsgröße des PI-Reglers. Der Regler liefert eine Steuerspannung, die über einen Leistungsverstärker dem Motor zugeführt wird.

Zahlenwerte:

R_A	$= 8\ \Omega$	Ankerwiderstand
k_G	$= 0,015$ Vs	Generatorkonstante Motor und Tachogenerator
J	$= 9 \cdot 10^{-7}$ kgm^2	Massenträgheitsmoment
M_{GR}	$= 1,8$ Nmm	Gleitreibungsmoment

6.1.1   Aufstellen der Differenzialgleichungen

Den prinzipiellen Aufbau eines permanenterregten Gleichstrommotors zeigt Abb. 6.2.
Das magnetische Feld wird von einem Permanentmagneten erzeugt. In diesem Feld dreht
sich der Anker, der auch die Wicklung trägt. Die Ankerspannung wird an den Bürsten
angelegt, die auf dem Kommutator schleifen. Der Kommutator sorgt dafür, dass die
Stromrichtung immer richtig ist, so dass ein Drehmoment entsteht.

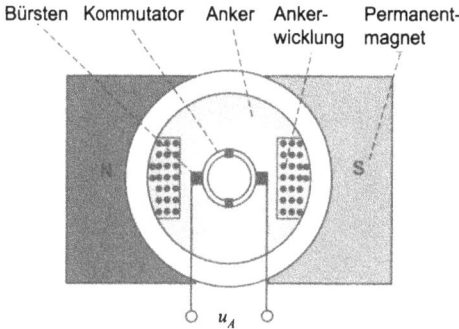

Abb. 6.2: *Aufbau eines Gleichstrommotors*

Abb. 6.3 zeigt das Ersatzschaltbild mit der Ankerspannung u_A und den Spannungen
am Ankerwiderstand R_A, an der Ankerinduktivität L_A und der durch die Drehung des
Rotors im Magnetfeld hervorgerufenen induzierten Ankerspannung e_M.

Der Maschensatz für den Ankerkreis liefert

$$u_A = R_A \cdot i_A + L_A \cdot \frac{di_A}{dt} + e_M \tag{6.1}$$

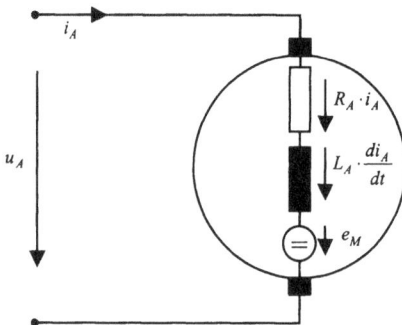

Abb. 6.3: *Ersatzschaltbild*

Die induzierte Ankerspannung e_M ist proportional zur Winkelgeschwindigkeit ω.

$$e_M = c \cdot \Psi_F \cdot \omega \qquad (6.2)$$
$$= k_G \cdot \omega$$

Das Produkt aus Maschinenkonstante c und dem magnetischen Fluss Ψ heißt Generatorkonstante k_G.

Zum Aufstellen der mechanischen Bewegungsgleichung muss der Anker freigeschnitten werden. Anschließend werden die Drehmomente eingezeichnet (s. Abb. 6.4). Das Momentengleichgewicht am Rotor ergibt

$$J \cdot \ddot{\varphi} = M_A - M_L - M_R \qquad (6.3)$$

In Worten: Die Differenz zwischen dem Ankermoment M_A, dem Lastmoment M_L und dem Reibmoment M_R ist proportional zur Winkelbeschleunigung. Der Proportionalitätsfaktor ist das Massenträgheitsmoment J. J ist die Summe der Massenträgheitsmomente des Motorankers und des Tachogeneratorankers einschließlich der Faltenbalgkupplung.

$$J = J_A + J_{TG} \qquad (6.4)$$

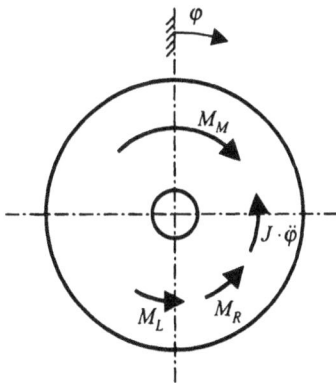

Abb. 6.4: *Freigeschnittener Anker*

Der Ankerstrom i_A erzeugt das Ankermoment M_A

$$M_A = k_G \cdot i_A \qquad (6.5)$$

Der Proportionalitätsfaktor ist der gleiche wie in Gleichung (6.2). In der Literatur wird er gelegentlich auch Drehmomentkonstante genannt.

Das Reibmoment M_R setzt sich im Allgemeinen aus drei Anteilen zusammen: aus der Haftreibung M_{HR}, der geschwindigkeitsunabhängigen Gleitreibung M_{GR} und der (winkelgeschwindigkeitsabhängig) viskosen Reibung M_{VR} (s. Abb. 6.5).

Im Motorstillstand liegt Haftreibung vor. Sobald sich der Motor dreht, sinkt das Reibmoment auf das Gleitreibungsniveau ab. Ein weiterer Drehzahlanstieg lässt das Reibmoment proportional zur Winkelgeschwindigkeit ansteigen. Inwieweit die drei Reibungsarten vertreten sind, muss durch eine Messung geklärt werden.

Formt man Gleichung (6.1) um, so erhält man

$$\underbrace{\frac{L_A}{R_A}}_{T} \cdot \frac{di_A}{dt} + i_A = \underbrace{\frac{1}{R_A}}_{K} \cdot (u_A - e_M) \tag{6.6}$$

Gleichung (6.6) stellt ein PT1-Glied dar mit der Anregung $\frac{1}{R_A} \cdot (u_A - e_M)$, das heißt, der Ankerstrom steigt durch die Ankerinduktivität nur verzögert an. Die Zeitkonstante T ist das Verhältnis von Induktivität zu Widerstand und die Systemverstärkung K ist der Kehrwert des Ankerwiderstandes.

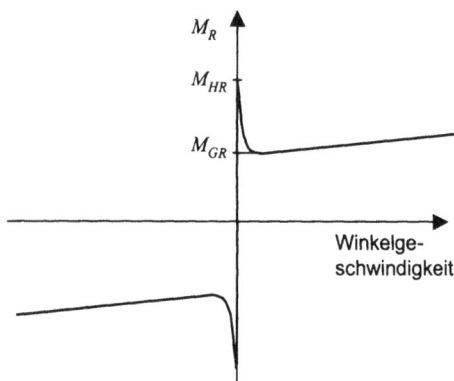

Abb. 6.5: *Haftreibung, Gleitreibung, viskose Reibung*

6.1.2   Bestimmung der Systemparameter

Nicht immer finden sich die für eine Simulation erforderlichen Parameter in einem Datenblatt. Hier wird gezeigt, wie die Systemparameter gemessen werden können.

Bestimmung der Generatorkonstanten k$_G$
Gemäß Gleichung (6.2) ist die induzierte Ankerspannung proportional zur Winkelgeschwindigkeit

$$\begin{aligned} e_M &= k_G \cdot \omega \\ &= k_G \cdot \frac{d\varphi}{dt} \end{aligned} \tag{6.7}$$

Multipliziert man (6.7) mit dt und integriert beide Seiten, so erhält man

$$\int_0^t e_M \, dt = k_G \cdot \int_0^\varphi d\varphi \tag{6.8}$$

$$= k_G \cdot \varphi$$

Die Generatorkonstante k_G lässt sich also so bestimmen, dass man die Motorklemmen mit einem Integrierer verbindet, diesen zu null setzt und dann den Motor von Hand einige (m) Umdrehungen dreht.

$$k_G = \frac{\int_0^t e_M \, dt}{\varphi} = \frac{\int_0^t e_M \, dt}{m \cdot 2 \cdot \pi} \tag{6.9}$$

Das Integral der induzierten Ankerspannung lässt sich mit einem Multimeter ablesen. Der Integrierer lässt sich beispielsweise mit einem Operationsverstärker (OP) aufbauen. Abb. 6.6 zeigt die Beschaltung des Operationsverstärkers mit Offsetkompensation und dessen Pinbelegung. Die Ausgangsspannung am Integrierer ist invertiert und mit $1/(R \cdot C)$ gewichtet. Beim Aufbau der Schaltung ist darauf zu achten, dass man einen möglichst driftarmen OP verwendet (z. B. OP-07). Dann kann auf eine Offset-Kompensation verzichtet werden. Des Weiteren darf die Motorwelle nur so lange gedreht werden, wie der OP-Ausgang noch nicht in der Sättigung ist.

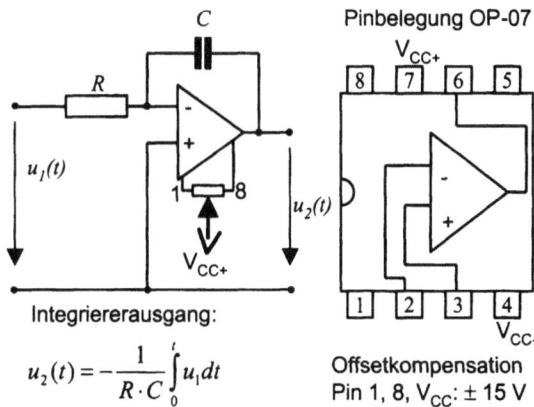

Abb. 6.6: *Integriererschaltung mit Offsetkompensation*

Bestimmung des Ankerwiderstandes R_A
Bei festgehaltenem Rotor misst man die Ankerspannung und den Ankerstrom. Der Ankerwiderstand ist dann

$$R_A = \frac{u_A}{i_A} \tag{6.10}$$

Je nach Rotorstellung (Stellung der Bürsten auf dem Kommutator) ergeben sich unterschiedliche Werte, so dass ein mittlerer Wert zu nehmen ist. Aufgrund der Übergangswiderstände an den Bürsten ist eine Messung mit Hilfe des Multimeters (Ohmmeter) ungeeignet.

Bestimmung der Ankerinduktivität L_A

Die Ankerinduktivität L_A lässt sich mit dem nun bekannten Ankerwiderstand R_A aus Gleichung (6.6) bestimmen. Man gibt mit Hilfe eines Signalgenerators mit nachgeschaltetem Leistungsverstärker einen Spannungssprung auf den Anker und misst den Stromanstieg bei blockiertem Rotor. Aus der Anstiegskurve kann man nun die Zeitkonstante bestimmen und daraus mit R_A die Ankerinduktivität berechnen. Da diese Zeitkonstante im Vergleich zu den mechanischen Trägheiten jedoch sehr klein ist, kann sie vernachlässigt werden, d. h., das PT1-Glied kann durch ein Proportionalglied (P-Glied) ersetzt werden.

Bestimmung des Reibmomentes

Das Reibmoment lässt sich bei bekannter Generatorkonstante über den Motorstrom messen, der vom Motor ohne Lastmoment aufgenommen wird. Bei stillstehendem Motor erhöht man den Strom so weit, bis der Rotor anfängt sich zu drehen. Der Strom sinkt dann sofort ab auf den Gleitreibungswert. Anschließend erhöht man die Ankerspannung und liest die Drehzahl über die Tachospannung und den Strom (z. B. am Netzteil) ab. Abb. 6.7 zeigt das Ergebnis der Messung. Man erkennt, dass das Gleitreibungsmoment relativ konstant ist. Der viskose Anteil spielt keine Rolle.

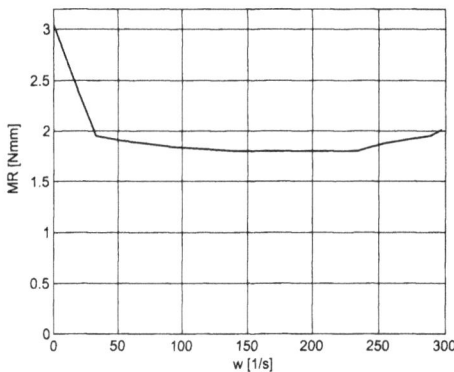

Abb. 6.7: *Reibmoment als Funktion der Winkelgeschwindigkeit*

Diese Eigenschaft kann man sich für die Bestimmung des Massenträgheitsmomentes zunutze machen.

Bestimmung des Massenträgheitsmomentes J

Das Massenträgheitsmoment kann man beispielsweise aus einem Schwingversuch ermitteln. Abb. 6.8 zeigt den freigeschnittenen Rotor für kleine Auslenkungen φ um die Ruhelage.

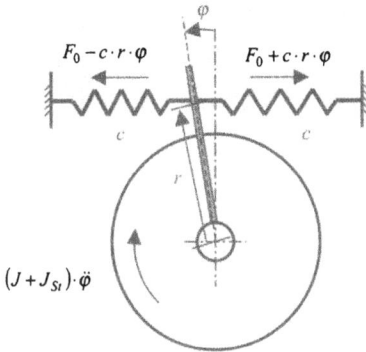

Abb. 6.8: *Bestimmung des Massenträgheitsmomentes aus einem Schwingversuch*

Am Rotor befestigt man eine Stange mit bekanntem Massenträgheitsmoment J_{St} (um den Drehpunkt!). Die Stange ist mit zwei Federn mit vernachlässigbarer Masse verbunden. Man lenkt die Stange aus und misst die Periodendauer der Schwingung. Anschließend befestigt man eine Zusatzmasse an der Stange und wiederholt den Versuch. Aus dem Verhältnis der Schwingungsdauer mit und ohne Zusatzmasse lässt sich das Massenträgheitsmoment des Rotors bestimmen. Die Federsteifigkeiten der beiden Federn heben sich aus den Gleichungen heraus und müssen daher nicht bekannt sein.

Das Momentengleichgewicht um den Drehpunkt liefert bei vernachlässigten Dämpfungseffekten

$$-(J + J_{St}) \cdot \ddot{\varphi} - (F_0 + c \cdot r \cdot \varphi) \cdot r + (F_0 - c \cdot r \cdot \varphi) \cdot r = 0 \qquad (6.11)$$

(6.11) umgeformt:

$$\ddot{\varphi} + \frac{c \cdot r^2}{J + J_{St}} \cdot \varphi = 0 \qquad (6.12)$$

Die Eigenkreisfrequenz des ungedämpften Systems ist

$$\omega_0 = \sqrt{\frac{c \cdot r^2}{J + J_{St}}} = \frac{2\pi}{T_0} \qquad (6.13)$$

Sie ist unabhängig von der Federvorspannung F_0. Für die Periodendauer der Schwingung ergibt sich damit

$$T_0 = 2\pi \cdot \sqrt{\frac{J + J_{St}}{c \cdot r^2}} \qquad (6.14)$$

Die Schwingungsdauer des realen, also gedämpften Systems lässt sich messen. Sie unterscheidet sich aufgrund der geringen Dämpfung nur wenig von (6.14). Gleichung (6.14) beinhaltet noch die unbekannte Federsteifigkeit c. In einem weiteren Schwingversuch befestigt man eine bekannte Zusatzmasse m auf einem bekannten Radius R (z. B. eine Mutter am Ende der Stange). Das Massenträgheitsmoment erhöht sich nun um den Betrag $m \cdot R^2$ (Steiner'sche Ergänzung). Für die neue Schwingungsdauer ist

$$T_1 = 2\pi \cdot \sqrt{\frac{J + J_{St} + m \cdot R^2}{c \cdot r^2}} \tag{6.15}$$

Bildet man nun das Verhältnis der beiden Messwerte, so lässt sich damit das Massenträgheitsmoment berechnen.

$$J + J_{St} = \frac{m \cdot R^2}{\left(\frac{T_1}{T_0}\right)^2 - 1} \tag{6.16}$$

Bei der Messung ist darauf zu achten, dass die Zusatzmasse genügend groß ist, damit sich T_0 und T_1 ausreichend unterscheiden.

Eine weitere Möglichkeit, das Massenträgheitsmoment zu messen, besteht darin, dass man den Motor auslaufen lässt. Zur Zeit $t = 0$ s unterbricht man die Spannungsversorgung des Motors. Da das Reibmoment im Wesentlichen auf der konstanten Gleitreibung beruht, kann aus der Bewegungsgleichung (6.3) sofort J ermittelt werden.

$$J \cdot \ddot{\varphi} = -M_R \tag{6.17}$$

$\ddot{\varphi}$ wird dabei durch

$$\ddot{\varphi} \approx \frac{\Delta \dot{\varphi}}{\Delta t} = \frac{\Delta \omega}{\Delta t} \tag{6.18}$$

angenähert (s. Abb. 6.9).

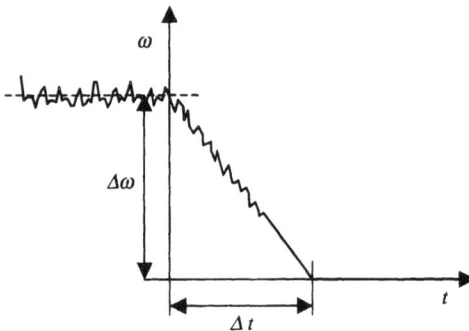

Abb. 6.9: *Auslaufversuch*

6.1.3 Simulation und Messung der Sprungantwort des DC-Motors

Um die Güte der Modellbildung zu beurteilen, vergleicht man die gemessene Sprungantwort des Gleichstrommotors mit der Simulation. Für die Simulation wird das Blockschaltbild des Motors mit den Gleichungen (6.1) bis (6.6) erstellt (s. Abb. 6.10).

An der linken Summationsstelle wird vom Sprung der Ankerspannung die induzierte Ankerspannung abgezogen. Das Resultat wird anschließend mit dem Kehrwert des Ankerwiderstandes multipliziert und man erhält den Motorstrom. Die Multiplikation mit der Generatorkonstanten liefert das antreibende Motormoment. Davon wird das Gleitreibungsmoment abgezogen und die Differenz mit dem Kehrwert des Massenträgheitsmoments multipliziert. Die Integration mit Hilfe des Blocks *Integrator* liefert die Winkelgeschwindigkeit des Motors.

Die Anfangsbedingung des Integrierers ist null, da der Motor aus dem Stillstand hoch läuft. Aus der Winkelgeschwindigkeit kann dann die induzierte Ankerspannung berechnet werden. Beim Gleitreibungsmoment ist darauf zu achten, dass der Sprung nicht früher als der Spannungssprung einsetzt. Ansonsten würde sich der Motor aufgrund dieses Momentes in die falsche Richtung drehen.

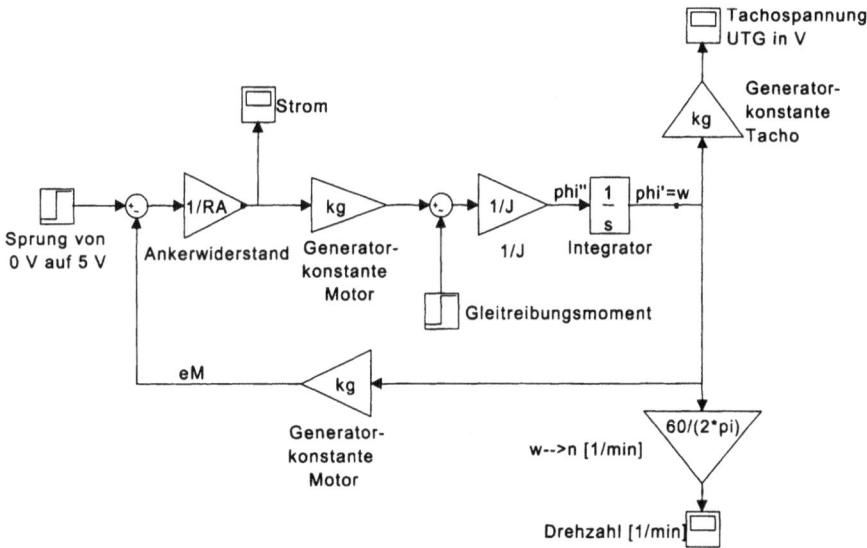

Abb. 6.10: *Blockschaltbild (DCMotor.mdl)*

Abb. 6.11 zeigt die Messung der Tachogeneratorspannung u_{TG} sowie deren Simulation bei einem Ankerspannungssprung von 0 V auf 5 V.

Sowohl das statische Verhalten (stationärer Endwert) als auch das dynamische Verhalten (Anstieg der Tachospannung) stimmen gut überein. Für den Entwurf des Drehzahlreglers kann das System durch ein Verzögerungssystem erster Ordnung beschrieben

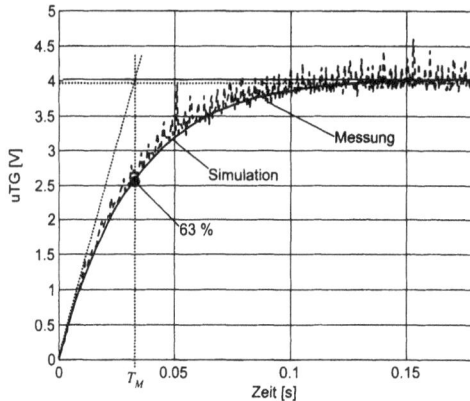

Abb. 6.11: *Sprungantwort, Messung und Simulation*

werden. Die Zeitkonstante T_M kann aus Abb. 6.11 durch Anlegen der Tangente oder durch Ablesen des 63%-Wertes bestimmt werden. Sie beträgt ca. 30 ms.

6.1.4 Entwurf des Drehzahlreglers

Da es sich bei dem Systemverhalten um ein PT1-Glied handelt, ist es naheliegend, diese Verzögerung durch eine geeignete Reglerübertragungsfunktion zu kompensieren. Die Übertragungsfunktion der Motors ist

$$G_M(s) = \frac{U_{TG}(s)}{U_A(s)} = \frac{K_M}{T_M \cdot s + 1} \qquad (6.19)$$

s ist die Laplace-Variable und K_M ist die Systemverstärkung. Sie kann ebenfalls aus Abb. 6.11 abgelesen werden. Bei 5 V Eingangsspannung ist die Ausgangsspannung des Systems ca. 4 V, daher ist $K_M = 0{,}8$.

Die Reglerübertragungsfunktion zur Kompensation des PT1-Gliedes ist

$$G_R(s) = K_R \cdot \frac{T_R \cdot s + 1}{s} \qquad (6.20)$$

Bei (6.20) handelt es sich um einen PI-Regler. Ein I-Anteil ist bei dieser Strecke erforderlich, weil es sonst zu einer bleibenden Regelabweichung kommt. Dies lässt sich anhand des folgenden Gedankenexperimentes verdeutlichen. Hätte man beispielsweise nur einen P- oder PD-Regler und der Istwert wäre gleich dem Sollwert (keine Regelabweichung), dann gäbe der Regler 0 V als Stellgröße aus. Und das heißt, dass der Motor sich nicht dreht, was einen Widerspruch zur Annahme darstellt. Der Integralanteil gibt im stationären Zustand genau die Spannung aus, die erforderlich ist, damit stationäre Genauigkeit herrscht.

Die Übertragungsfunktion des offenen Regelkreises ist damit

$$G_o = G_R\left(s\right) \cdot G_M\left(s\right) = K_R \cdot \frac{T_R \cdot s + 1}{s} \cdot \frac{K_M}{T_M \cdot s + 1} \tag{6.21}$$

Wählt man nun die Reglerzeitkonstante genau so groß wie die Motorzeitkonstante (Kompensation ($T_R = T_M = 30\,\mathrm{ms}$), dann verbleibt für die Übertragungsfunktion des offenen Kreises

$$G_o = \frac{K_R \cdot K_M}{s} \tag{6.22}$$

Die Übertragungsfunktion des geschlossenen Kreises (Führungsübertragungsfunktion) ist dann

$$G_W\left(s\right) = \frac{G_o}{1 + G_0} = \frac{\frac{K_R \cdot K_M}{s}}{1 + \frac{K_R \cdot K_M}{s}} = \frac{1}{\frac{1}{K_R \cdot K_M} \cdot s + 1} \tag{6.23}$$

Als Ergebnis erhält man wieder ein Verzögerungssystem 1. Ordnung mit der neuen Zeitkonstanten $1/(K_R K_M)$. Diese Zeitkonstante lässt sich über die Reglerverstärkung einstellen. Je größer K_R ist, um so kleiner wird die Zeitkonstante, d. h. das System wird schneller. Es macht allerdings keinen Sinn, die Reglerverstärkung zu hoch zu wählen, weil jedes reale System begrenzt ist.

6.1.5 Simulation des Führungsverhaltens

Zur Erstellung des Blockschaltbildes muss die Strecke noch um den Regler ergänzt werden. In (6.20) ist der PI-Regler in der multiplikativen Form dargestellt. Die additive Form (Addition von P- und I-Anteil) ist

$$G_R\left(s\right) = K_R \cdot \left(1 + \frac{1}{T_N \cdot s}\right) \tag{6.24}$$

Darin ist K_R die Reglerverstärkung, die nicht identisch mit K_R in (6.20) ist. T_N ist die Nachstellzeit des Reglers. Ein Koeffizientenvergleich mit (6.20) ergibt für die Nachstellzeit

$$T_N = T_R = 30\ \mathrm{ms} \tag{6.25}$$

Der freie Reglerparameter ist dann K_R aus (6.24), der so gewählt wird, dass ein schnelles Einschwingverhalten erreicht wird, ohne dass die Stellgröße in die Begrenzung geht. Abb. 6.12 zeigt das Blockschaltbild des Motors mit dem PI-Regler.

Der Motor ist in dem Block *Subsystem* abgespeichert, was eine bessere Übersicht erlaubt (s. Abb. 6.13).

Um das Störverhalten des Regelkreises zu untersuchen, wird noch zusätzlich ein Lastmomentensprung über einen Inputport zum Motor- und dem Gleitreibungsmoment addiert. Der Regler erhält als Eingangsgröße die Differenz zwischen Soll- und Istwert der

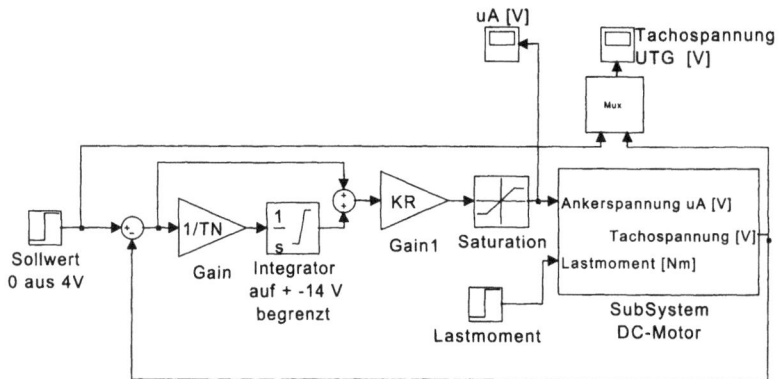

Abb. 6.12: Blockschaltbild (piregdcmotor.mdl)

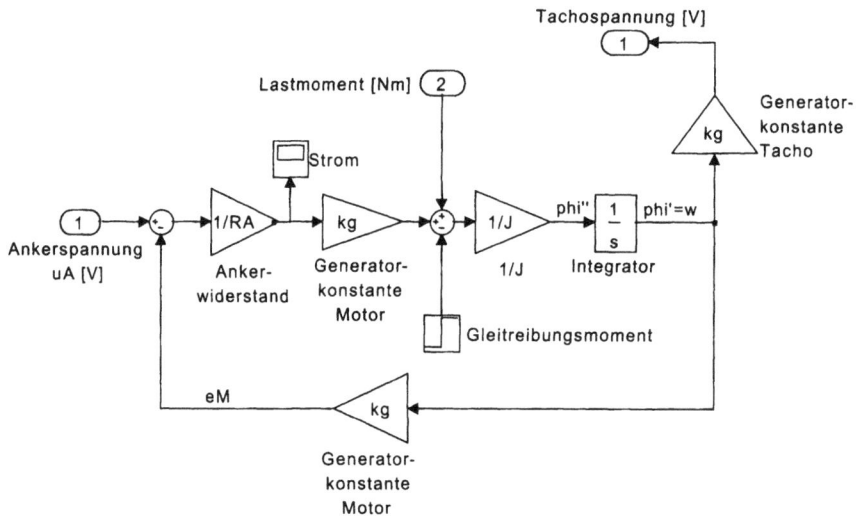

Abb. 6.13: Blockschaltbild des Subsystems

Drehzahl. Beide Werte liegen als Spannungswerte vor und können durch Multiplikation mit dem Faktor $60/(k_g \cdot 2\pi)$ in einen Drehzahlwert (Einheit min^{-1}) umgerechnet werden. Um realistische Simulationswerte für die Regelung zu erhalten, ist es wichtig, die Stellgröße sowohl im Integrierer als auch am Reglerausgang auf $\pm 14\ V$ zu begrenzen. Falls der Regler mit Operationsverstärkern aufgebaut wird, liefert der Ausgang maximal diesen Spannungsbereich. Abb. 6.14 zeigt das Ergebnis der Simulation für einen Sollwertsprung von 0 auf 4 V für verschiedene Reglerverstärkungen K_R .

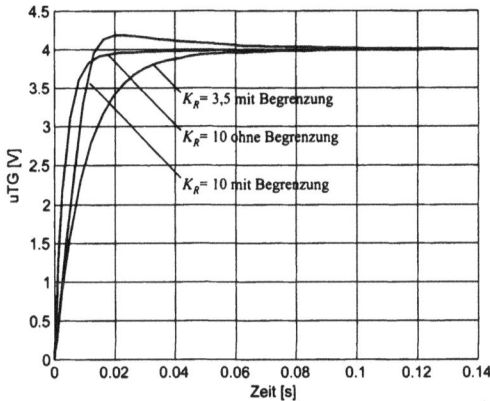

Abb. 6.14: *Führungsverhalten des Regelkreises*

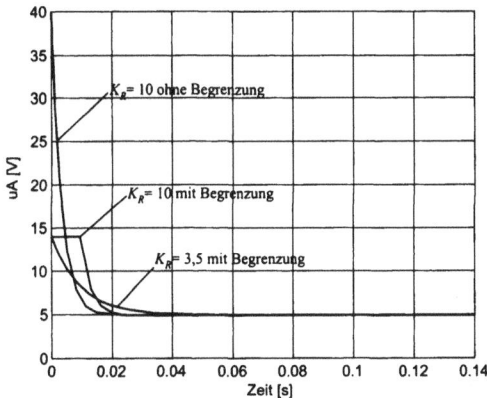

Abb. 6.15: *Stellgröße*

Mit der Reglerverstärkung $K_R = 3,5$ ist das Einschwingverhalten des Systems schon viel schneller als ohne Regler. Die neue Zeitkonstante des geschlossenen Regelkreises beträgt ca. 10 ms. Erhöht man die Verstärkung weiter, wird das System immer schneller. In Wirklichkeit hat man aber Stellgliedbegrenzungen (Nichtlinearitäten), die dann das System sogar überschwingen lassen.

6.1.6   Simulation des Störverhaltens

Abb. 6.16 zeigt die Reaktion des Regelkreises auf eine Störung.

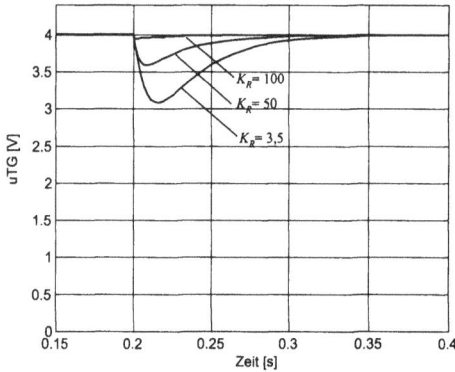

Abb. 6.16: *Störverhalten des Regelkreises*

Im stationären Zustand wird bei $t = 0,2$ s ein Lastmoment $M_L = 0,01$ Nm aufgeschaltet. Die Tachospannung als Maß für die Drehzahl sinkt daraufhin ein.

Der Regler erhöht die Ausgangsspannung (s. Abb. 6.17) bis der Sollwert von 4 V wieder erreicht ist. Obwohl die Reglerverstärkung erhöht wurde, erreicht der Regler hier seine Begrenzung nicht.

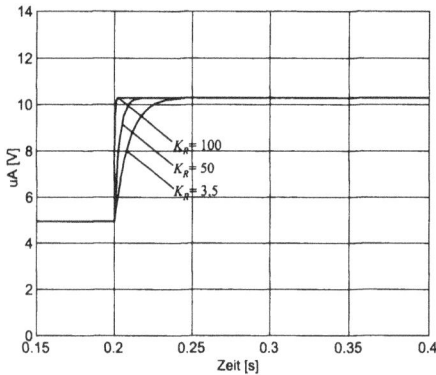

Abb. 6.17: *Stellgröße*

6.2 Drehstromgenerator

Abb. 6.18 zeigt einen Drehstromgenerator, wie er im Automobil Verwendung findet.

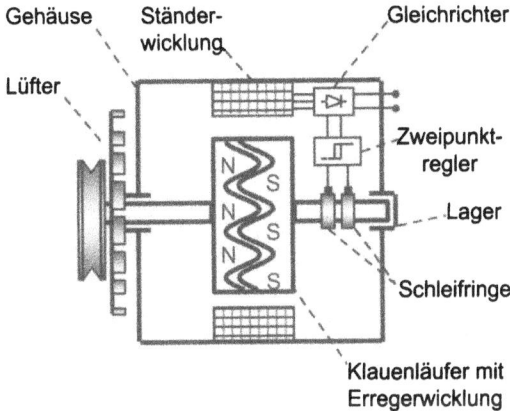

Abb. 6.18: *Drehstromgenerator*

Der Rotor wird über eine Riemenscheibe angetrieben. Auf dem Läufer sitzt die Gleich-strom-Erregerwicklung mit den Klauenpolen. Diese erzeugen abwechselnd Nord- und Südpole. Durch deren Rotation wird in der feststehenden Ständerwicklung eine Wech-selspannung induziert. Diese Ständerwicklung besteht aus drei räumlich um 120° ver-setzten Drehstromwicklungen. Der darin fließende Drehstrom wird in den Gleichrich-terdioden gleichgerichtet und steht nun für das Bordnetz zur Verfügung. Die Gleich-spannung muss einen konstanten Wert haben. Aus diesem Grunde wird die Spannung gemessen und mit dem Sollwert verglichen. Je nach Abweichung wird dann der Erreger-strom durch einen Zweipunktregler erhöht oder reduziert. Erhöht sich beispielsweise die Drehzahl, steigt die Generatorspannung. Der Regler reduziert daraufhin den Erreger-strom. Wird dagegen ein Verbraucher, z. B. Heckscheibenheizung, eingeschaltet, sinkt die Generatorspannung und der Erregerstrom muss erhöht werden. Der Zweipunktregler kann nur die volle Generatorspannung ein- oder ausschalten. Je nach Einschaltdauer-verhältnis entsteht so eine Pulsbreitenmodulation.

Zahlenwerte:

R_{St}	$= 1 \text{ m}\Omega$	Ohmscher Widerstand der Drehstromwicklung
L_{St}	$= 1 \text{ mH}$	Induktivität der Drehstromwicklung
p	$= 6$	Anzahl der Klauenpolpaare
R_E	$= 214 \text{ m}\Omega$	Ohmscher Widerstand der Erregerwicklung
L_E	$= 2 \text{ mH}$	Induktivität der Erregerwicklung
c_1	$= 0,05 \text{ Vs/A}$	Proportionalitätsfaktor
c_2	$= 0,05$	Proportionalitätsfaktor

6.2.1   Aufstellen der Differenzialgleichung

Die Erregerwicklung hat sowohl einen ohmschen Widerstand R_E als auch eine Induktivität L_E (s. Abb. 6.19). Der Maschensatz für die Erregerwicklung liefert

$$u_E = R_E \cdot i_E + L_E \cdot \frac{di_E}{dt} \qquad (6.26)$$

Gleichung (6.26) umgeformt ergibt

$$\frac{L_E}{R_E} \cdot \frac{di_E}{dt} + i_E = \frac{1}{R_E} \cdot u_E \qquad (6.27)$$

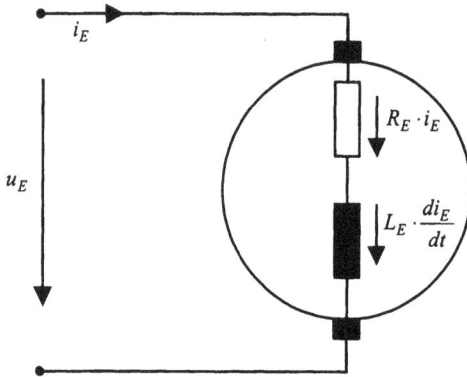

Abb. 6.19: *Ersatzschaltbild der Erregerwicklung*

Gleichung (6.27) beschreibt ein Verzögerungsglied erster Ordnung mit der Zeitkonstanten

$$T = \frac{L_E}{R_E} \qquad (6.28)$$

und der Systemverstärkung

$$K = \frac{1}{R_E} \qquad (6.29)$$

Vernachlässigt man Sättigungseffekte, ist der Erregerstrom i_E proportional zum Erregerfluss ψ (Proportionalitätsfaktor c_1).

$$\Psi = c_1 \cdot i_E \qquad (6.30)$$

Die in den Ständerwicklungen induzierte Spannung ist proportional zum Produkt aus dem Fluss ψ und der Rotordrehzahl n

$$u_{ind} = c_2 \cdot \Psi \cdot n \qquad (6.31)$$

Diese Wechselspannung hat die Kreisfrequenz

$$\omega = 2 \cdot \pi \cdot n \cdot p \qquad (6.32)$$

die der p-fachen Drehzahl entspricht. Aufgrund des Laststromes i_L entsteht in den Ständerwicklungen ein Spannungsabfall u_{ab}, der vom ohmschen Widerstand R_{St} und vom induktiven Widerstand $j \cdot \omega \cdot L_{St}$ der Ständerwicklung abhängt. Die Zusammensetzung beider Widerstände ist der komplexe Widerstand Z.

$$u_{ab} = Z \cdot i_L \qquad (6.33)$$
$$= \sqrt{R_{St}^2 + (\omega \cdot L_{St})^2} \cdot i_L$$
$$= \sqrt{R_{St}^2 + (2 \cdot \pi \cdot n \cdot p \cdot L_{St})^2} \cdot i_L$$

Die Generatorspannung u_G ist dann

$$u_G = u_{ind} - u_{ab} \qquad (6.34)$$

6.2.2   Simulation des Generators

Abb. 6.20 zeigt das Blockschaltbild der Drehstromgenerators.

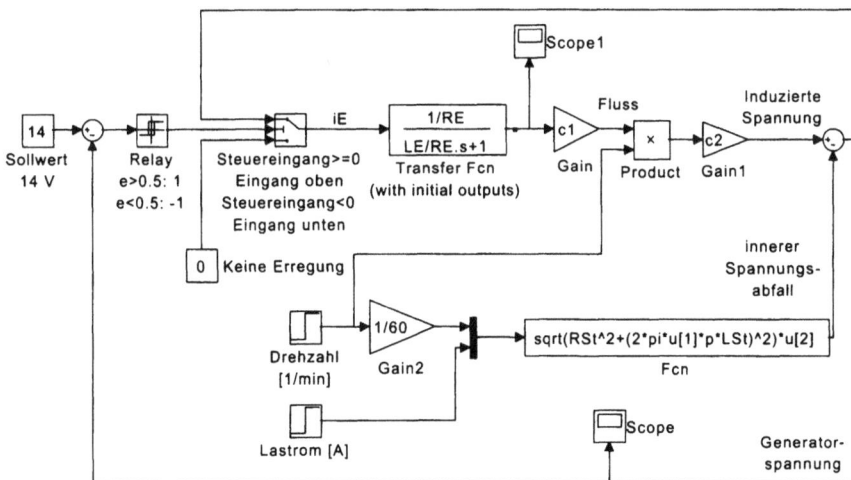

Abb. 6.20: *Blockschaltbild (drehstromgenerator.mdl)*

Die Differenz zwischen dem Sollwert (14 V) und dem Istwert der Generatorspannung wird dem Block *Relay* zugeführt. Dieser Block ist so parametriert, dass er bei einer Abweichung von mehr als 0,5 V (die Generatorspannung ist kleiner als 13,5 V) eine

1 ausgibt. Dieser Wert beeinflusst den Steuereingang des Blocks *Switch*, der dann die Generatorspannung als Erregerspannung auf die Erregerwicklung schaltet. Ist die Abweichung kleiner als 0,5 V (die Generatorspannung ist größer als 13,5 V), gibt der Block *Relay* eine −1 aus. Der *Switch* schaltet den Eingang auf 0 V (also keine Erregung). Das dynamische Verhalten der Erregerwicklung wird durch den Block *Transfer Fcn (with initial outputs)* beschrieben. Im Gegensatz zum Standardblock *Transfer Fcn*, der immer mit der Ausgangsgröße gleich null beginnt, kann dieser Block bereits mit einem bestimmten Ausgangswert belegt werden. D. h., es fließt zur Zeit $t = 0$ s bereits ein Erregerstrom. Aus der Drehzahl und dem Laststrom wird mit dem Block *Fcn* der innere Spannungsabfall berechnet und von der induzierten Spannung abgezogen.

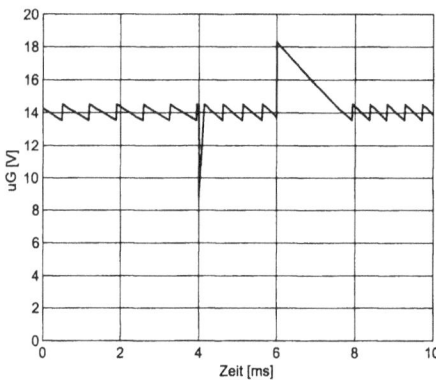

Abb. 6.21: *Generatorspannung*

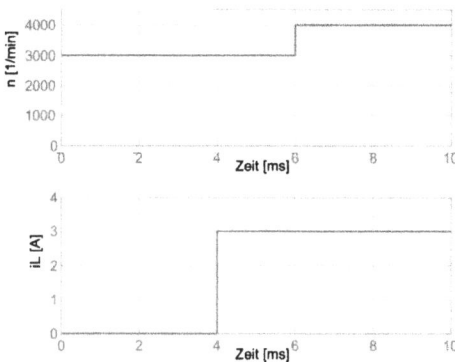

Abb. 6.22: *Drehzahl und Laststrom*

Abb. 6.21 zeigt die Generatorspannung, die infolge der Schaltvorgänge des Reglers um den Sollwert von 14 V pendelt. Die Schaltvorgänge bewegen sich im Millisekundenbereich. Bei $t = 4$ ms wird der Laststrom sprungförmig erhöht (s. Abb. 6.22). Die Span-

nung bricht kurz ein, bis der Regler den Erregerstrom wieder erhöht hat (s. Abb. 6.23).
Bei $t = 6$ ms wird die Drehzahl sprungförmig um 1000 1/min erhöht. Die Spannung
geht über den Sollwert hinaus. Der Regler reduziert daraufhin den Erregerstrom auf ca.
2,2 A.

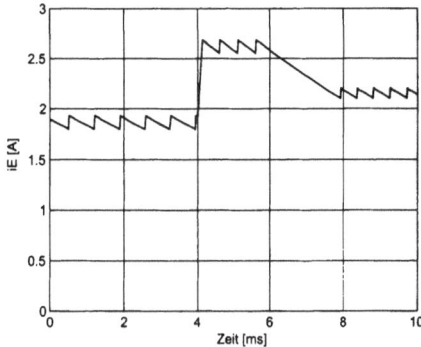

Abb. 6.23: *Erregerstrom*

6.3   Hubmagnetsystem

Abb. 6.24 zeigt einen Hubmagneten. Die durch das Joch verbundenen Schenkel eines
U-förmigen Eisenkerns mit dem Querschnitt A sind von einer Erregerwicklung mit n
Windungen umgeben. Unterhalb der Schenkel, durch einen Luftspalt getrennt, befindet
sich im Abstand x der Anker mit der Masse m. Durch die Spule fließt aufgrund der
Spannung u ein Strom i, der eine Magnetkraft F_M erzeugt und den Anker anzieht. Da
sich aufgrund der Ankerbewegung auch die Induktivität verändert, verläuft der Strom
anders als in einer Spule mit konstanter Induktivität. Der Streufluss und die Hysterese
der Magnetisierung werden hier vernachlässigt.

Zahlenwerte:

n	$= 900$	Windungszahl
μ_0	$= 1{,}257 \cdot 10^{-6}\,\mathrm{Vs/(Am)}$	Magnetische Feldkonstante
μ_r	$= 200$	Permeabilität von Stahl, hart
l_1	$= 0{,}15$ m	mittlere Weglänge der Feldlinien im Eisen
R	$= 6{,}5\ \Omega$	ohmscher Widerstand der Spule
A	$= 9 \cdot 10^{-4}\ \mathrm{m}^2$	Schenkelquerschnitt
m	$= 0{,}35$ kg	Ankermasse
g	$= 9{,}81\ \mathrm{m/s}^2$	Erdbeschleunigung
x_0	$= 0{,}01$ m	Anfangslage des Ankers

Joch

A

Anker

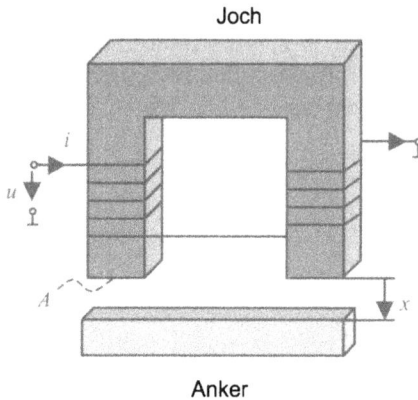

Abb. 6.24: *Hubmagnet [11]*

6.3.1 Aufstellen der Differenzialgleichungen

Das Gesamtsystem besteht aus einem mechanischen und einem elektrischen Anteil. Zunächst wird der mechanische Teil beschrieben.

Abb. 6.25 zeigt den freigeschnittenen Anker mit der nach oben gerichteten Magnetkraft F_M und der Schwerkraft $m \cdot g$. Die d'Alembertsche Trägheitskraft $m \cdot \ddot{x}$ wird entgegen der positiv gewählten Richtung eingetragen. Das Kräftegleichgewicht in x-Richtung liefert die Bewegungsgleichung des Ankers.

$$m \cdot \ddot{x} = -F_M + m \cdot g \qquad (6.35)$$

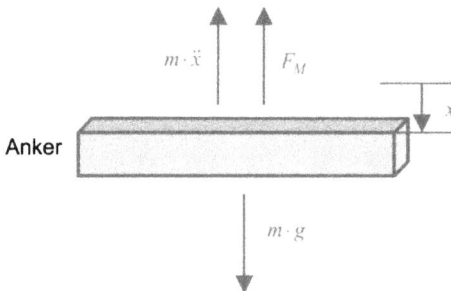

Anker

Abb. 6.25: *Kräfte am Anker*

Das elektrische System besteht aus einer Spule mit dem ohmschen Widerstand R und der Induktivität L. Die Induktivität ist jedoch nicht konstant, weil sich bei der Ankerbewegung der Luftspalt und damit die Induktivität ändern. Sie ist also von x abhängig.

Der Maschensatz liefert

$$u = R \cdot i + \frac{d}{dt}\left(L\left(x\right) \cdot i\right) \tag{6.36}$$

$$= R \cdot i + L\left(x\right) \cdot \frac{di}{dt} + \frac{dL}{dt} \cdot i$$

mit

$$\frac{dL}{dt} = \frac{dL}{dx} \cdot \frac{dx}{dt} = \frac{dL}{dx} \cdot \dot{x} \tag{6.37}$$

$\dot{x}$ ist die Geschwindigkeit des Ankers. Das Durchflutungsgesetz liefert

$$i \cdot n = H_1 \cdot l_1 + H_2 \cdot l_2 \tag{6.38}$$

In Gleichung (6.38) ist H_1 die magnetische Feldstärke im Eisen (Einheit A/m), l_1 die mittlere Weglänge der Feldlinien im Eisen. H_2 und l_2 sind die entsprechenden Größen im Luftspalt. Index 1 steht für Eisen, Index 2 für Luft.

Vernachlässigt man den Streufluss, so ist der magnetische Fluss Φ im gesamten magnetischen Kreis gleich groß. Für die magnetische Flussdichte B gilt daher

$$B_1 = B_2 = B = \frac{\Phi}{A} \tag{6.39}$$

Die Flussdichte im Eisen ist gleich der Flussdichte im Luftspalt. Zwischen der Flussdichte B_1 im Eisen und der magnetischen Feldstärke H_1 besteht der Zusammenhang

$$B_1 = \mu_r \cdot \mu_0 \cdot H_1 \tag{6.40}$$

μ_r ist die Permeabilität des Eisens und μ_0 ist die magnetische Feldkonstante (Einheit Vs/(Am)). Im Luftspalt gilt

$$B_2 = \mu_0 \cdot H_2 \tag{6.41}$$

Mit den Gleichungen (6.38), (6.40) und (6.41) erhält man

$$i \cdot n = B \cdot \left(\frac{l_1}{\mu_r \cdot \mu_0} + \frac{l_2}{\mu_0}\right) \tag{6.42}$$

wobei die mittlere Weglänge der Feldlinien im Luftspalt $l_2 = 2x$ ist. Aus Gleichung (6.42) erhält man

$$i \cdot n = \frac{\Phi}{A} \cdot \left(\frac{l_1}{\mu_r \cdot \mu_0} + \frac{2x}{\mu_0}\right) \tag{6.43}$$

Die Induktivität des o. a. Systems ist

$$L = n \cdot \frac{\Phi}{i} \tag{6.44}$$

Verknüpft man die Gleichungen (6.43) und (6.44), erhält man die gesuchte Abhängigkeit der Induktivität vom Weg x.

$$L = \frac{n^2 \cdot \mu_r \cdot \mu_0 \cdot A}{l_1 + 2\mu_r \cdot x} \qquad (6.45)$$

Mit (6.45) erhält man nun die in (6.37) gesuchte Ableitung nach x.

$$\frac{dL}{dx} = -\frac{2 \cdot n^2 \cdot \mu_r^2 \cdot \mu_0 \cdot A}{(l_1 + 2\mu_r \cdot x)^2} \qquad (6.46)$$

Jetzt muss noch die Magnetkraft berechnet werden, die vom Strom und vom Ankerweg abhängt. Die Arbeit dW ist das Produkt aus der Kraft F_M und dem Weg dx.

$$dW = F_M \cdot dx \qquad (6.47)$$

Die in einem Magnetfeld gespeicherte Energie ist

$$W = \frac{1}{2} L \cdot i^2 \qquad (6.48)$$

Leitet man (6.48) nach x ab, so erhält man die Magnetkraft F_M als Funktion des Stromes i und des Ankerweges x

$$\begin{aligned} F_M &= \frac{dW}{dx} = \frac{1}{2}\frac{dL}{dx} \cdot i^2 \\ &= \frac{n^2 \cdot \mu_r^2 \cdot \mu_0 \cdot A \cdot i^2}{(l_1 + 2\mu_r \cdot x)^2} \end{aligned} \qquad (6.49)$$

6.3.2   Simulation des Hubmagneten

Zum Aufbau des Blockschaltbildes geht man zunächst vom Kräftegleichgewicht aus (s. Abb. 6.25). Die linke Summationsstelle bildet die Differenz zwischen der Magnetkraft und der Schwerkraft. Diese wird mit dem Kehrwert der Masse multipliziert und man erhält die Beschleunigung. Zweifache Integration liefert den Ankerweg. Der erste Integrierer erhält die Anfangsbedingung null, der zweite wird mit x_0 initialisiert. Dabei ist darauf zu achten, dass der Integrierer der Geschwindigkeit (Block *Integrator*) am Ausgang eine null liefern muss, wenn $x = 0$ m (Anschlag) erreicht wird. Dies wird durch Multiplizieren des Ausgangs des Funktionsblocks *fcn* mit x realisiert. Ebenso muss die Geschwindigkeit null bleiben, was über den Block *Product3* realisiert wird. Die wegabhängige Induktivität sowie deren Ableitung nach dem Weg, werden mit Hilfe der Funktionsblöcke *L* und *dL/dt* berechnet. Die Blöcke *Product*, *Product1* und die Summationsstelle liefern gem. (6.36) und (6.37) die zeitliche Änderung des Ankerstromes. Der Block *Integrator2* mit der Anfangsbedingung null hat als Ausgangsgröße den Ankerstrom.

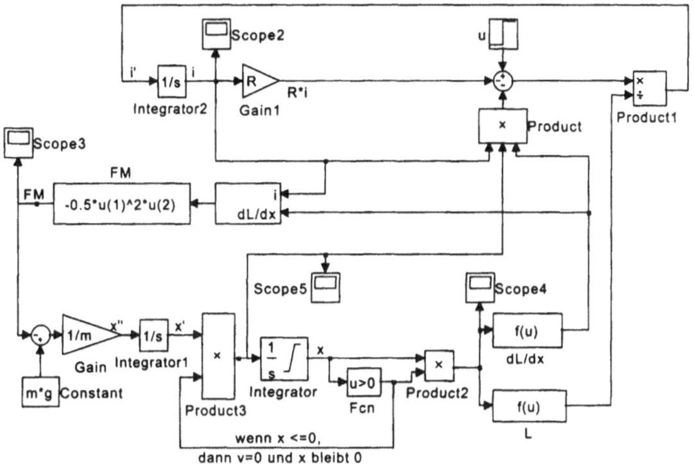

Abb. 6.26: *Blockschaltbild (hubmagnet.mdl)*

Die folgenden Abbildungen zeigen das Ergebnis der Simulation. Zur Zeit $t = 0$ s hat der Anker die Lage $x_0 = 1$ cm und es wird eine konstante Spannung von $u = 10$ V eingeschaltet.

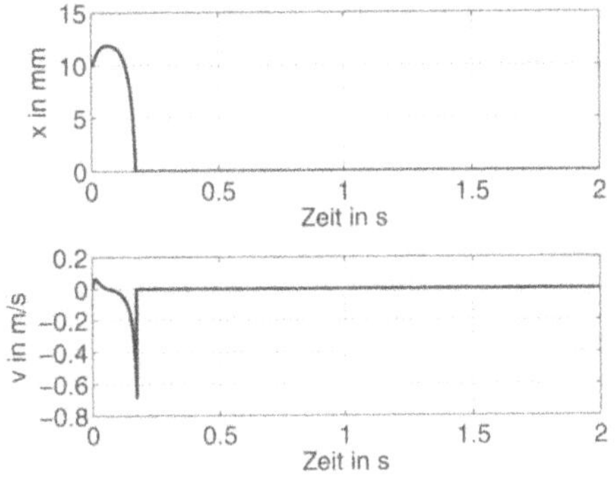

Abb. 6.27: *Angerweg und Ankergeschwindigkeit*

Da die Magnetkraft noch kleiner als die Gewichtskraft ist, erhält der Anker zunächst eine positive Geschwindigkeit, wodurch der Abstand x größer wird. Nach ca. 12 ms ist das Kräftegleichgewicht erreicht. Die Beschleunigung ist null, d. h. horizontale Tangente bei der Geschwindigkeit am lokalen Maximum. Nach ca. 175 ms ist der Anker bereits am Anschlag (s. Abb. 6.27). Aufgrund der Induktivitätsänderung hat der Ankerstrom keinesfalls einen PT1-Verlauf (Verzögerungssystem erster Ordnung). Als Folge der Ankerbewegung bricht der Strom ein. Erst wenn der Anker am Anschlag ist, steigt der Spulenstrom in gewohnter Weise an, d. h. wie ein PT1-Glied, weil die Induktivität nun konstant ist (s. Abb. 6.28). Die Magnetkraft steigt mit abnehmenden Abstand und zunehmendem Strom bis zum Erreichen des stationären Endwertes an.

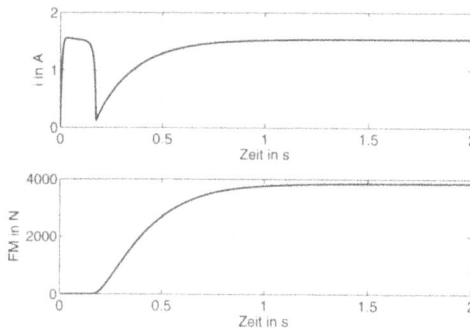

Abb. 6.28: *Strom und Magnetkraft*

6.4   Heben einer Last

Abb. 6.29 zeigt das Hubwerk eines Krans. Die Welle des Asynchronmotors ist mit einem einstufigen Getriebe verbunden. Die Getriebeausgangswelle treibt eine Seiltrommel an, an der eine Last hängt. Durch Einschalten des Motors wird diese Last angehoben.

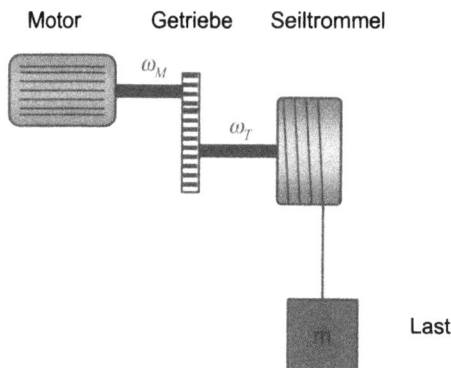

Abb. 6.29: *Hubwerk eines Krans*

Zahlenwerte:

J_M	$= 0{,}15$ kgm^2	Massenträgheitsmoment des Motors
J_T	$= 2{,}5$ kgm^2	Massenträgheitsmoment der Seiltrommel
r	$= 0{,}3$ m	Trommelradius
m	$= 50$ kg	Masse der Last
i	$= 10$	Getriebeübersetzung
n_1	$= 1500$ min^{-1}	Drehfelddrehzahl
M_K	$= 15$ Nm	Kippmoment des Motors
s_K	$= 20$ %	Kippschlupf des Motors

$g \quad = 9{,}81 \text{ m/s}^2 \quad$ Erdbeschleunigung

6.4.1 Aufstellen der Bewegungsgleichung

Zum Aufstellen der Bewegungsgleichung müssen zunächst alle trägen Massen, die eine translatorische oder eine Rotationsbewegung ausführen, auf die Motorwelle reduziert werden. Unter dem Begriff der Reduktion versteht man hier das Zurückrechnen auf die Trägheit, die der Motor „sieht". Dies geschieht mit dem Ansatz, dass die kinetische Energie des auf die Motorwelle reduzierten Massenträgheitsmomentes J_{red} gleich der Summe der kinetischen Energien der Einzelmassen sein muss.

$$\frac{1}{2} \cdot J_{red} \cdot \omega_M^2 = \frac{1}{2} \cdot J_M \cdot \omega_M^2 + \frac{1}{2} \cdot J_T \cdot \omega_T^2 + \frac{1}{2} \cdot m \cdot v^2 \qquad (6.50)$$

ω_M ist die Winkelgeschwindigkeit des Motors, ω_T ist die Winkelgeschwindigkeit der Trommel und v ist die Geschwindigkeit der Masse m. Gleichung (6.50), nach dem reduzierten Massenträgheitsmoment J_{red} aufgelöst, ergibt

$$J_{red} = J_M + J_T \cdot \frac{\omega_T^2}{\omega_M^2} + m \cdot \frac{(r \cdot \omega_T)^2}{\omega_M^2} \qquad (6.51)$$

$$= J_M + \frac{J_T}{i^2} + \frac{m \cdot r^2}{i^2}$$

In Gleichung (6.51) ist i die Getriebeübersetzung, die über das Verhältnis der Winkelgeschwindigkeit der Antriebswelle und der Winkelgeschwindigkeit der Abtriebswelle definiert ist.

$$i = \frac{\omega_M}{\omega_T} \qquad (6.52)$$

Das Momentengleichgewicht um die Motorwelle liefert dann die Bewegungsgleichung

$$J_{red} \cdot \ddot{\varphi}_M = M_M - M_{L,M} \qquad (6.53)$$

$M_{L,M}$ ist jedoch das Lastmoment, das an der Motorwelle angreift. Man erhält es aus dem Lastmoment an der Trommel $M_{L,T}$ aus einer Leistungsbetrachtung. Die Getriebeeingangsleistung ist bei Vernachlässigung der Getriebeverluste gleich der Getriebeausgangsleistung.

$$P_{ein} = P_{aus} \qquad (6.54)$$

$$M_{L,M} \cdot \omega_M = M_{L,T} \cdot \omega_T$$

Aus (6.52) erhält man in Verbindung mit (6.53) das Lastmoment an der Motorwelle.

$$M_{L,M} = \frac{m \cdot g \cdot r}{i} \qquad (6.55)$$

Beim Motor handelt es sich um einen Kurzschlussläufer. Der durch die Statorwicklung fließende Wechselstrom oder Drehstrom erzeugt ein Drehfeld. Das Drehfeld induziert im zunächst stillstehenden Läufer eine Spannung. Diese Spannung treibt einen Strom durch den Läufer, der ein magnetisches Feld aufbaut. Das Feld folgt dem Drehfeld, der Läufer dreht sich. Die Frequenz der Läuferspannung ist beim Stillstand gleich der Frequenz der Ständerspannung und nimmt mit zunehmender Drehzahl des Läufers ab. Die Drehfelddrehzahl (Synchrondrehzahl) n_1 ist gleich dem Quotienten aus der Frequenz der Ständerspannung f_1 und der Polpaarzahl p der Wicklung.

$$n_1 = \frac{f_1}{p} \tag{6.56}$$

Damit im Läufer eine Spannung induziert wird, muss der Läufer immer nacheilen. Ansonsten wird das Drehmoment null. Das Nacheilen nennt man Schlupf s. Er berechnet sich aus der Differenz von Synchrondrehzahl n_1 und der Läuferdrehzahl n bezogen auf die Synchrondrehzahl.

$$s = \frac{n_1 - n}{n_1} \tag{6.57}$$

Das Drehmomentverhalten kann gut durch die Kloss'sche Formel beschrieben werden.

$$M\left(s\right) = \frac{2 \cdot M_K}{\frac{s}{s_K} + \frac{s_K}{s}} \tag{6.58}$$

Sie beschreibt das Motormoment als Funktion des Schlupfes. M_K ist das maximale Motormoment und heißt Kippmoment. Der dazu gehörige Schlupf ist der Kippschlupf s_K (s. Abb. 6.30).

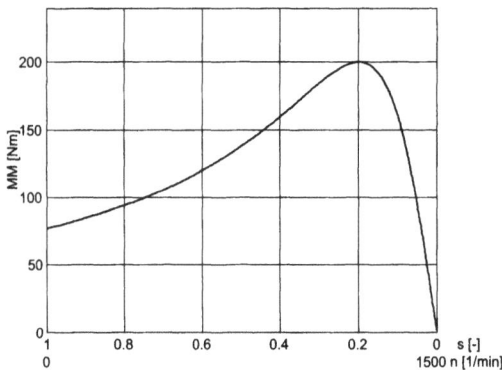

Abb. 6.30: *Motormoment als Funktion der Drehzahl bzw. des Schlupfes*

6.4.2   Simulation des Hubwerkes

Abb. 6.31 zeigt das Blockschaltbild. Die untere Summationsstelle bildet das Momentengleichgewicht. Die Winkelbeschleunigung des Motors wird im Block *Integrator* mit der Anfangsbedingung null zur Winkelgeschwindigkeit aufintegriert. Der Block Gain berechnet daraus die Motordrehzahl in 1/s. Der Funktionsblock *Fcn* liefert den Schlupf aus der Drehfelddrehzahl und der Motordrehzahl. Im Funktionsblock *Fcn1* verbirgt sich die Kloss'sche Formel, die das Motormoment ausgibt.

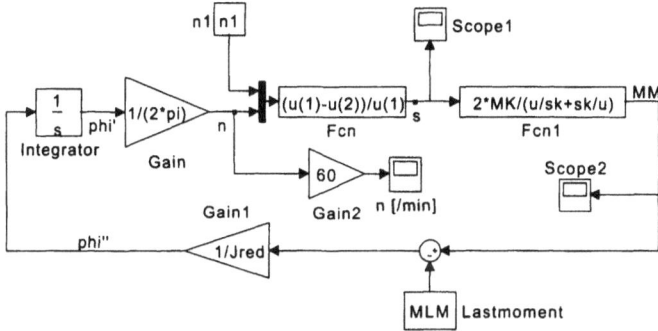

Abb. 6.31: *Blockschaltbild (hubwerk.mdl)*

Das Ergebnis der Simulation zeigen die nachfolgenden Abbildungen. Bei $t = 0$ s wird der Motor aus dem Stillstand eingeschaltet. Der Schlupf beginnt bei eins (s. Abb. 6.33). Der Motor wird so lange beschleunigt, bis das Motormoment gleich dem Lastmoment (ca. 49 Nm, s. Abb. 6.34) ist. Dieser stationäre Fall ist nach ca. 0,55 s erreicht. Die Drehzahl bleibt danach konstant, ohne die Drehfelddrehzahl zu erreichen (s. Abb. 6.32). Nach der Kennlinie aus Abb. 6.30 benötigt der Motor einen gewissen Schlupf, um ein Drehmoment abgeben zu können.

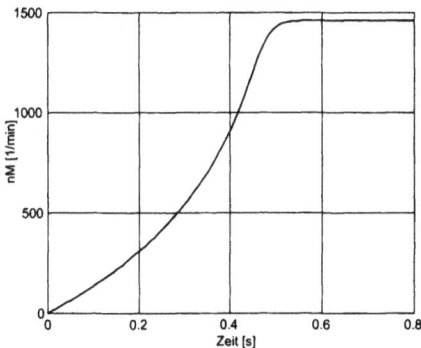

Abb. 6.32: *Motordrehzahl*

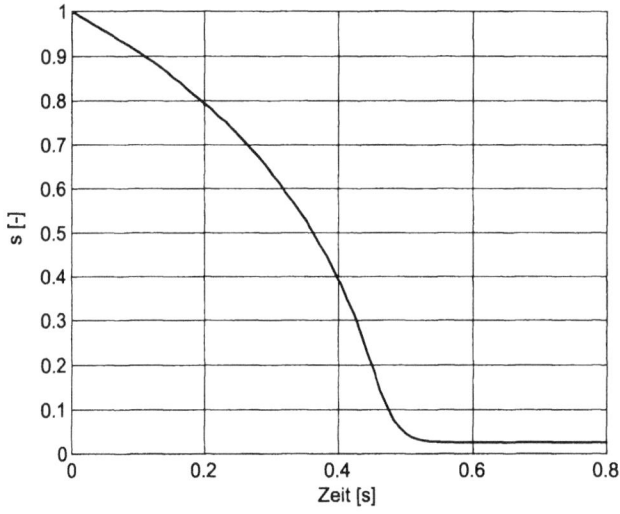

Abb. 6.33: Schlupf

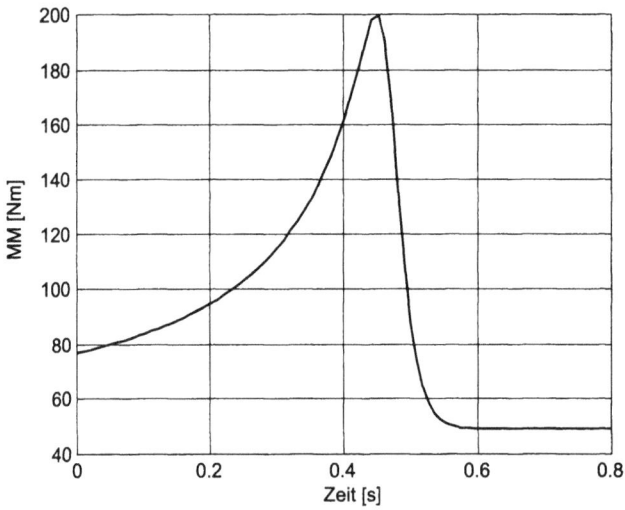

Abb. 6.34: Motormoment

6.5   Weglose Waage

Abb. 6.35 zeigt eine Waage, die nach dem Kompensationsprinzip arbeitet.

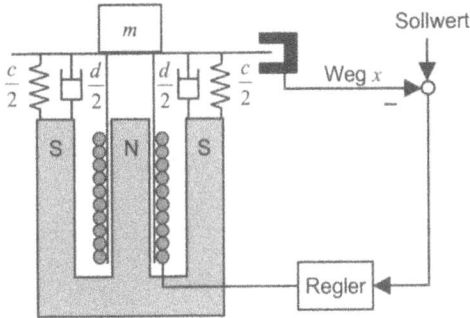

Abb. 6.35: *Weglose Waage [11]*

Die zu wiegende Masse m wird auf die Plattform der Waage gelegt, die über ein Feder-Dämpfersystem mit dem Magneten gekoppelt ist. Aufgrund der Gewichtskraft sinkt die Plattform nach unten. Ein Wegsensor (z. B. zwei Reflexlichtschranken in Differenzschaltung) misst diese Verschiebung. Die Abweichung vom Sollwert null geht in den Regler. Der Regler gibt über einen integrierten Leistungsverstärker eine Spannung u aus, die einen Strom i durch die an der Plattform befestigte Spule treibt. Der Strom erzeugt eine magnetische Kraft, die der Gewichtskraft entgegenwirkt und die Plattform wieder in die Ausgangsruhelage bewegt. Der Strom i ist dann ein direktes Maß für die Gewichtskraft.

Zahlenwerte:

R	$= 1\ \Omega$	ohmscher Widerstand der Spule
L	$= 20\ \text{mH}$	Induktivität der Spule
K_G	$= 5\ \text{Vs} = 5\ \text{N/A}$	Generatorkonstante; Drehmomentkonstante
c	$= 1500\ \text{N/m}$	Federkonstante
d	$= 8{,}5\ \text{Ns/m}$	geschwindigkeitsproportionale Dämpfung
m_P	$= 0{,}03\ \text{kg}$	Masse der Plattform
g	$= 9{,}8\ \text{m/s}^2$	Erdbeschleunigung

6.5.1   Aufstellen der Differenzialgleichungen

Das Gesamtsystem besteht aus einem mechanischen und einem elektrischen Anteil. Zunächst wird der mechanische Teil beschrieben.

Zum Aufstellen der Bewegungsgleichung geht man zweckmäßigerweise von der statischen Ruhelage der Plattform aus. In dieser Lage sind die Federkräfte genauso groß wie die Gewichtskraft und spielen daher für die Schwingbewegung keine Rolle. Das Koordinatensystem wird in dieser Lage festgemacht. Die Plattform wird in positive Richtung mit positiver Geschwindigkeit ausgelenkt und freigeschnitten (s. Abb. 6.36).

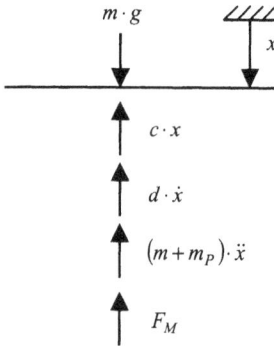

Abb. 6.36: *Kräfte an der Plattform*

Abb. 6.36 zeigt die freigeschnittene Plattform mit der nach oben gerichteten Magnet-kraft F_M, der Federkraft $c \cdot x$ und Dämpferkraft $d \cdot \dot{x}$. Die Schwerkraft $m \cdot g$ wirkt nach unten. Die d'Alembertsche Trägheitskraft $(m + m_P) \cdot \ddot{x}$ wird entgegen der positiv gewählten Richtung eingetragen. Bei ihr spielt die Masse m_P der Plattform natürlich eine Rolle. Das Kräftegleichgewicht in x-Richtung liefert die Bewegungsgleichung der Plattform.

$$(m + m_P) \cdot \ddot{x} + d \cdot \dot{x} + c \cdot x = -F_M + m \cdot g \qquad (6.59)$$

Es handelt sich um eine Schwingungsdifferenzialgleichung zweiter Ordnung. Die magne-tische Kraft F_M ist proportional zum Strom i durch die Spule.

$$F_M = K_G \cdot i \qquad (6.60)$$

Das elektrische System besteht aus einer Spule mit dem ohmschen Widerstand R und der Induktivität L. Bei der Bewegung der Spule im Magnetfeld wird eine zur Geschwin-digkeit proportionale Spannung in der Spule induziert.

$$u_{ind} = K_G \cdot \dot{x} \qquad (6.61)$$

Der Proportionalitätsfaktor ist der gleiche wie in (6.60). Der Maschensatz liefert

$$u = R \cdot i + L \cdot \frac{di}{dt} + K_G \cdot \dot{x} \qquad (6.62)$$

6.5.2   Berechnung der stationären Werte

Aus den Differenzialgleichungen lassen sich sofort die stationären Werte für den Weg ablesen, wenn das System mit einer Masse belastet und ohne Regler betrieben wird.

Stationär heißt, dass die zeitabhängigen Größen konstant sind, womit deren Ableitungen verschwinden.

$$\ddot{x} = 0, \ \dot{x} = 0, \ \frac{di}{dt} = 0 \tag{6.63}$$

Da $u = 0\,\mathrm{V}$ ist, fließt auch kein Strom i und es gibt keine magnetische Kraft. Somit folgt aus (6.59), dass die gesamte Gewichtskraft von der Feder aufgenommen werden muss.

$$c \cdot x = m \cdot g \tag{6.64}$$

Legt man eine Masse von $m = 0,05$ kg auf die Waage, sinkt sie auf

$$x = \frac{m \cdot g}{c} = \frac{0,05\mathrm{kg} \cdot 9,81\frac{\mathrm{m}}{\mathrm{s}^2}}{1500\frac{N}{m}} = 0,33\,\mathrm{mm} \tag{6.65}$$

ab. Um die Auslenkung zu kompensieren, ist der Strom

$$i = \frac{m \cdot g}{K_G} = \frac{0,05\mathrm{kg} \cdot 9,81\frac{\mathrm{m}}{\mathrm{s}^2}}{5\frac{N}{A}} = 98,1\,\mathrm{mA} \tag{6.66}$$

Legt man eine Spannung von $u = 1$ V an die unbelastete ($m = 0$) Spule an, fließt im stationären Zustand ($\dot{x} = 0, \frac{di}{dt} = 0$) gemäß (6.62) ein Strom $i = \frac{u}{R} = \frac{1\,\mathrm{V}}{1\Omega} = 1\,\mathrm{A}$. Die Kraftwirkung dieses Stromes führt dann zu einer stationären ($\ddot{x} = 0, \dot{x} = 0$) Auslenkung der Spule nach oben (x ist dann negativ!)

$$c \cdot x = -K_G \cdot i \Rightarrow x = -3,3\,\mathrm{mm} \tag{6.67}$$

6.5.3 Berechnung des Übertragungsverhaltens der Waage

Zur Untersuchung der Reaktion der Waage auf einen Spannungssprung transformiert man die Differenzialgleichungen (6.59) und (6.62) in den Laplace-Bereich. Die Masse m wird hierzu null gesetzt.

$$m_P \cdot s^2 \cdot X(s) + d \cdot s \cdot X(s) + c \cdot X(s) = -K_G \cdot I(s) \tag{6.68}$$

$$U(s) = R \cdot I(s) + L \cdot s \cdot I(s) + K_G \cdot s \cdot X(s) \tag{6.69}$$

Gleichung (6.68) nach $I(s)$ aufgelöst

$$\frac{\left(m_P \cdot s^2 + d \cdot s + c\right) \cdot X(s)}{-K_G} = I(s) \tag{6.70}$$

und eingesetzt in (6.69) ergibt

$$U(s) = (R + L \cdot s) \cdot \frac{\left(m_P \cdot s^2 + d \cdot s + c\right) \cdot X(s)}{-K_G} + K_G \cdot s \cdot X(s) \tag{6.71}$$

Die Übertragungsfunktion $G(s)$ ist damit

$$G(s) = \frac{X}{U} = \tag{6.72}$$

$$\frac{-K_G}{L \cdot m_P \cdot s^3 + (R \cdot m_P + L \cdot d) \cdot s^2 + (R \cdot d + L \cdot c - K_G^2) \cdot s + R \cdot c}$$

Es handelt sich um ein Übertragungssystem dritter Ordnung. Die Berechnung kann ebenfalls mit der Symbolic-Toolbox durchgeführt werden.

```
syms U I s X L R c d KG mP  %Symbolische Variablen definieren

I=-(mP*s^2+d*s+c)*X/KG

U=R*I+L*I*s+KG*s*X

collect(U) %sortieren nach Potenzen von s

G=X/U %Uebertragungsfunktion berechnen

G=simplify(G) %vereinfachen

G=collect(G) %sortieren nach Potenzen von s

pretty(G) %schoenere Darstellung

                              KG

- ---------------------------------------------------------

       3                2                      2
  L s mP + (R mP + L d) s + (R d + L c - KG ) s + R c
```

Mit den folgenden Befehlen können die Sprungantwort, die dimensionslose Dämpfung, die Eigenkreisfrequenzen und das Pol-Nullstellen-Diagramm berechnet werden.

```
clear
R=1;
L=20e-3;
KG=5;
c=1500;
d=8.5
mP=30e-3;
g=9.81;
```

```
N=[L*mP R*mP+L*d R*d+L*c-KG^2 R*c];
N=N/(R*c);
GXU=tf([-KG/(R*c)],N) %Uebertragungsfunktion berechnen
step(GXU) %Sprungantwort
damp(GXU) %Pole, dimensionslose Daempfung und Eigenkreisfrequenzen
figure
pzmap(GXU) %Pol- nullstellendiagramm
```

Transfer function:

```
              -0.003333
-----------------------------------------
4e-007 s^3 + 0.0001333 s^2 + 0.009 s + 1
```

Eigenvalue	Damping	Freq.(rad/s)
-2.41e+001 + 9.05e+001i	2.57e-001	9.36e+001
-2.41e+001 - 9.05e+001i	2.57e-001	9.36e+001
-2.85e+002	1.00e+000	2.85e+002

Abb. 6.37 zeigt das Ergebnis eines Spannungssprungs von 0 V auf 1 V. Der System-ausgang ist der Weg x. Er wird negativ, weil die Wegkoordinate nach unten positiv ist und die Magnetkraft die Plattform nach oben drückt. Die Schwingungsdauer der gedämpften Schwingung beträgt ca. 0,07 s. Die Eigenkreisfrequenz ω_d der gedämpften Schwingung lässt sich aus der Eigenkreisfrequenz ω_0 der ungedämpften Schwingung mit Hilfe der dimensionslosen Dämpfung D über

$$\omega_d = \omega_0 \cdot \sqrt{1 - D^2} = 93,6 \cdot \sqrt{1 - 0,257^2} \ \mathrm{s}^{-1} = 93,4 \ \mathrm{s}^{-1} \approx \frac{2\pi}{0,07 \ \mathrm{s}} \quad (6.73)$$

berechnen. Der stationäre Endwert beträgt, wie in Gleichung (6.67) berechnet, $-3,3$ mm.

Das Pol-Nullstellen-Diagramm zeigt Abb. 6.38. Das System hat ein konjugiert-komplexes Polpaar und einen reellen Pol.

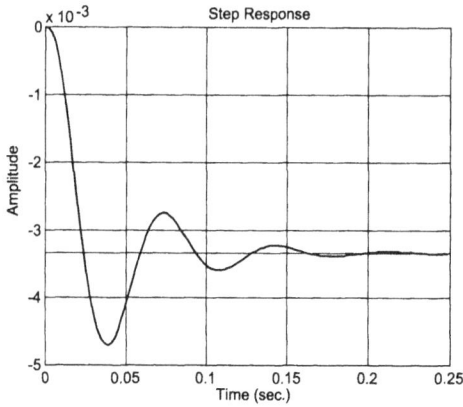

Abb. 6.37: *Sprungantwort mit Step-Befehl*

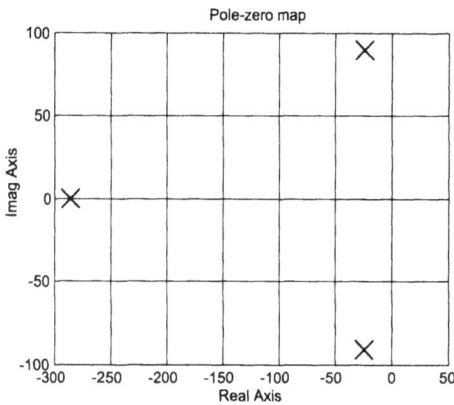

Abb. 6.38: *Pol-Nullstellen-Diagramm*

6.5.4   Simulation ohne Regelung

Zum Aufbau des Blockschaltbildes des ungeregelten Systems (s. Abb. 6.39) geht man zunächst vom Kräftegleichgewicht aus und löst Gleichung (6.59) nach der Beschleunigung auf

$$\ddot{x} = \frac{-F_M + m \cdot g - d \cdot \dot{x} - c \cdot x}{m + m_P} \tag{6.74}$$

und integriert die Beschleunigung zweifach auf. Die Integrierer werden mit den Anfangsbedingungen null initialisiert. Das Kräftegleichgewicht wird an der vierfachen Summationsstelle gebildet. Die Division durch die Gesamtmasse $m + m_P$ erfolgt mit Hilfe des Blockes *Product*, der so parametriert werden kann, dass er den unteren Eingang durch den oberen dividiert. Mit Hilfe der Geschwindigkeit und des Weges lassen sich dann die Dämpferkraft (Block *Gain3*) und die Federkraft (Block *Gain4*) berechnen.

Von der Eingangsspannung wird die durch die Bewegung induzierte Spannung (Ausgang Block *Gain2*) abgezogen und dem Verzögerungsglied erster Ordnung zugeführt. Die Verzögerung wird mit Hilfe des Blockes *Transfer Fcn* realisiert. Der Blockausgang ist der Strom i, der dann über den Block *Gain* die Magnetkraft liefert.

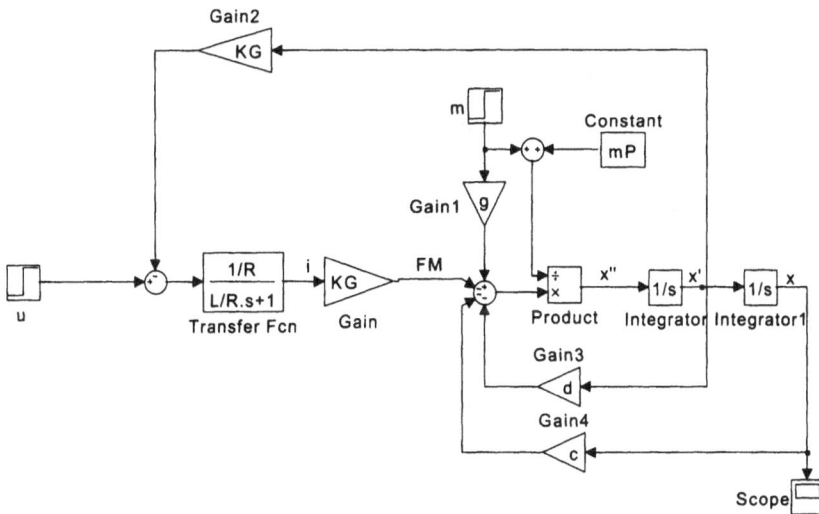

Abb. 6.39: *Blockschaltbild (waage1.mdl)*

Abb. 6.40 zeigt den Weg x, nachdem die Plattform mit einer Masse m belastet wurde.

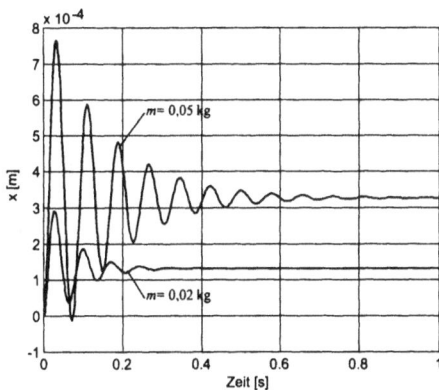

Abb. 6.40: *Weg der Plattform für verschiedene Massen (ohne Regelung)*

Bei der schwereren Masse wird ein stationärer Wert für x erreicht, wie er in Gleichung

(6.65) errechnet wurde. Bei der kleineren Masse ist die stationäre Auslenkung auch geringer. Weiterhin erkennt man, dass das Dämpfungsverhalten stark von der Masse abhängt. Die Lage der konjugiert-komplexen Pole ist eine Funktion der Masse. Die Eigenkreisfrequenzen unterscheiden sich dagegen nicht so sehr. Für die Simulation eines Spannungssprungs ohne Masse erhält man das gleiche Ergebnis wie in Abb. 6.40.

6.5.5   Simulation mit Regelung

Abb. 6.41 zeigt das Blockschaltbild mit dem Positionsregler. Der Regler ist als Subsystem ausgeführt und hat als Eingangsgrößen den konstanten Sollwert für die Position der Plattform und den Istwert der Position. Es handelt sich um einen PID-Regler. Ein Integralanteil ist zwingend erforderlich, denn im stationären Zustand, wenn der Sollwert gleich dem Istwert ist, muss der Regler eine Spannung ausgeben. Dies können aber weder P-Anteil noch D-Anteil leisten. Also ist ein Integrierer im Regler erforderlich. Der Regler berechnet aus der Regelabweichung e seine Stellgröße u gemäß

$$u(t) = K_P \cdot e + K_D \cdot \dot{e} + K_I \cdot \int\limits_0^t e \, dt \qquad (6.75)$$

Die Umsetzung von Gleichung (6.75) zeigt Abb. 6.42.

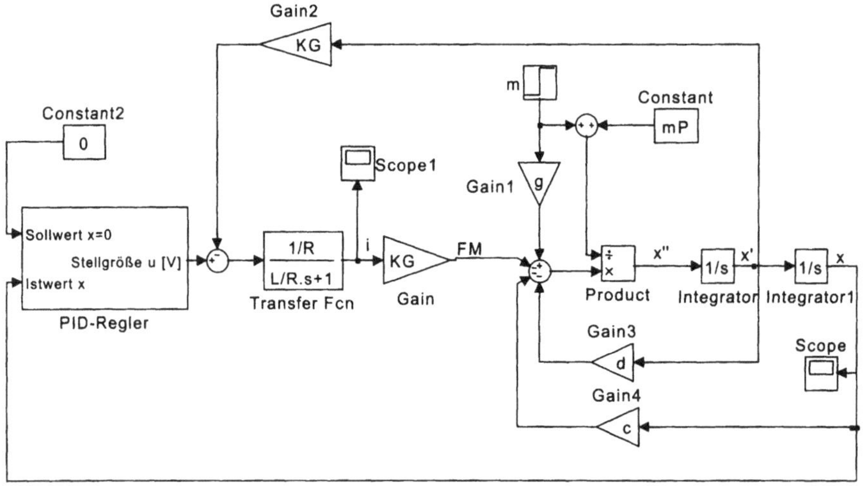

Abb. 6.41: *Blockschaltbild mit Regelung (waage2.mdl)*

Zu beachten sind allerdings Stellgliedbegrenzungen. Das bedeutet, dass der Reglerausgang auf den Bereich ±15 V beschränkt ist. Dies wird durch den Block *Saturation* gewährleistet. Der Integrierer des I-Anteils muss ebenfalls auf diesen Wert begrenzt werden. Damit der Wirkungssinn der Regelung korrekt ist und keine Mitkopplung entsteht, muss der Reglerausgang invertiert werden. Wenn die Plattform einsinkt, wird x positiv und die Regelabweichung negativ. Die Spannung muss allerdings positiv sein, damit die Plattform wieder nach oben geht.

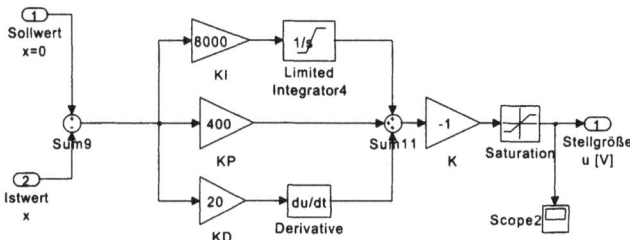

Abb. 6.42: *Blockschaltbild PID-Regler*

Die Reglereinstellung (Wahl der Reglerparameter K_P, K_I, K_D) erfolgt empirisch.

Zunächst setzt man den D- und den I-Anteil null und erhöht den P-Anteil K_P, wodurch eine starke Schwingneigung entsteht. Diese Schwingungen können durch Erhöhung des D-Anteils gedämpft werden. Dies setzt man fort, bis sich dynamisch keine Verbesserungen mehr ergeben. Jetzt muss noch die bleibende Regelabweichung durch Erhöhung des I-Anteils zum Verschwinden gebracht werden. Das Ergebnis der Simulation zeigen Abb. 6.43, Abb. 6.44 und Abb. 6.45.

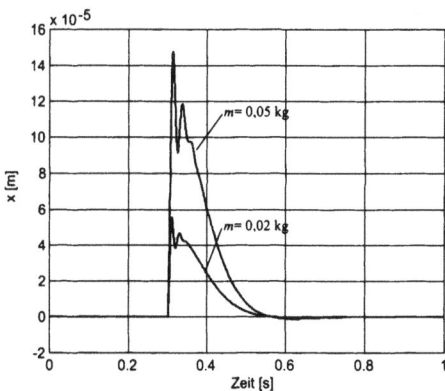

Abb. 6.43: *Weg der Plattform für verschiedene Massen (mit Regelung)*

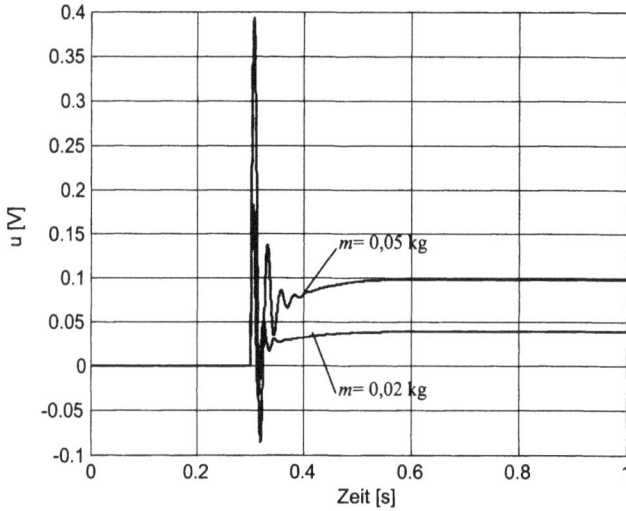

Abb. 6.44: *Reglerausgangsspannung u*

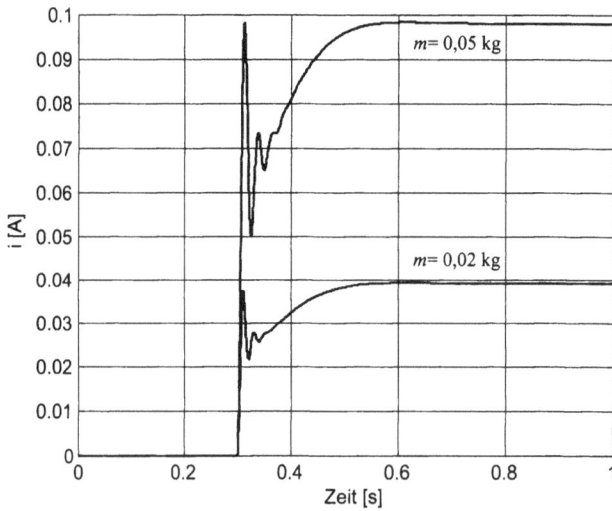

Abb. 6.45: *Spulenstrom i*

Bei $t = 0,3$ s wird die Plattform mit der Masse m beschwert. Die Plattform sinkt kurz ein, aber der Regler bringt sie wieder nach ca. 0,5 s auf das Ausgangsniveau zurück.

6.6   Wirbelstrombremse

Wirbelstrombremsen finden in der Technik eine breite Anwendung. Beispiele sind

- Retarder bei Schienenfahrzeugen,

- Leistungsbremse von Verbrennungsmotoren an Motorprüfständen,

- Dämpfung der seismischen Masse von Beschleunigungssensoren,

- Fahrradergometer etc.

Abbildung 6.46 zeigt den Aufbau einer Wirbelstrombremse.

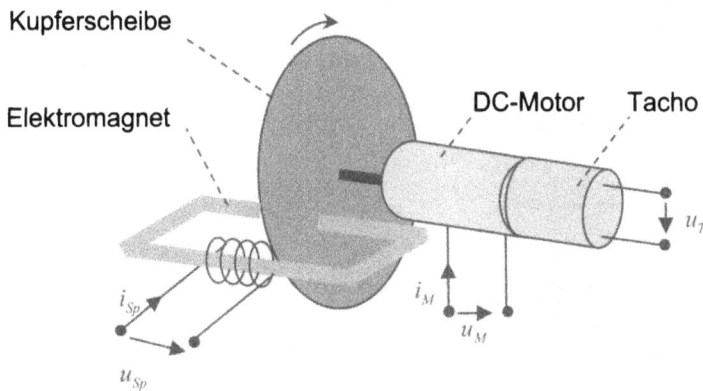

Abb. 6.46: *Wirbelstrombremse*

Der Aufbau besteht aus einer Kupferscheibe, die von einem DC-Motor (Faulhaber) angetrieben wird. Die Motordrehzahl wird mit einem Tachogenerator (Faulhaber) erfasst, der eine drehzahlproportionale Spannung u_T liefert. Durch das Magnetfeld wird in der im Luftspalt rotierenden Kupferscheibe eine Spannung induziert, die einen elektrischen Strom (Wirbelstrom) treibt. Der Wirbelstrom erzeugt wiederum ein Magnetfeld, das bremsend auf die Scheibe wirkt. Die Variation des Bremsmomentes erfolgt durch Änderung des Stromes im Elektromagneten.

Zahlenwerte:

N	$= 500$	Windungszahl der Spule
μ_0	$= 1{,}257 \cdot 10^{-6}\,\text{Vs/(Am)}$	Magnetische Feldkonstante
l_L	$= 8{,}5\,\text{mm}$	Länge des Luftspalts
ρ_{Cu}	$= 0.0174 \cdot 10^{-6}\,\Omega\text{m}$	Spezifischer Widerstand Kupfer
i_{Sp}	$= 1{,}11\,\text{A}$	Strom durch Elektromagnetspule
d	$= 4\,\text{mm}$	Dicke der Kupferscheibe
a	$= 20\,\text{mm}$	Länge und Breite des quadratischen Eisenquerschnitts
r_F	$= 43\,\text{mm}$	Radius des Magnetkraftangriffspunktes
T	$= 2\,\text{ms}$	Zeitkonstante Stromanstieg

6.6.1   Berechnung der Bremskraft

Für die Berechnung der durch den Magneten erzeugten Bremskraft kann man folgende Überlegungen und Vereinfachungen anstellen. Das Magnetfeld sei homogen, Streuflüsse sollen vernachlässigt werden. Die Flussdichte kann mit Hilfe der Ausführungen in Kapitel 6.3 gem. Gleichung (6.42) berechnet werden.

$$B = \frac{\mu_0 \cdot N \cdot i_{Sp}}{l_L} \tag{6.76}$$

Da man keine Kenntnisse über den Verlauf des Wirbelstroms in der Scheibe hat, soll an dieser Stelle stark vereinfacht angenommen werden, dass sich der Strom in der Kupferscheibe in einer Schleife mit der Dicke d bewegt. Die Schleife soll ferner die gleichen geometrischen Maße haben wie das Magnetfeld, nämlich quadratisch mit der Seitenlänge a. Man betrachte nur diese Schleife und berechnet die zeitlich resultierende Kraft auf diese Schleife. Die Schleife bewegt sich mit der Geschwindigkeit $v = r \cdot \omega$ durch das Magnetfeld. ω ist die Winkelgeschwindigkeit der Scheibe. Abbildung 6.47 verdeutlicht die Verhältnisse.

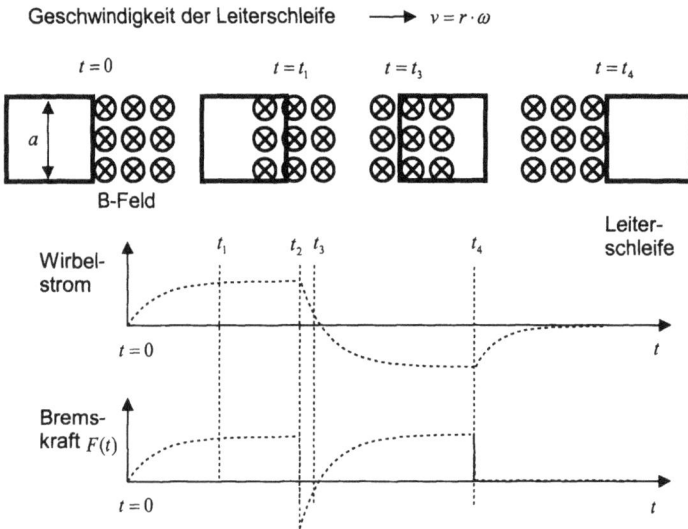

Abb. 6.47: *Bewegung einer Leiterschleife durch ein Magnetfeld*

Bei $t = 0$ taucht der vordere Teil in das Magnetfeld ein. Der Leiter schneidet die Feldlinien senkrecht, und es wird eine geschwindigkeitsproportionale Spannung u_{ind} induziert.

$$u_{ind} = B \cdot a \cdot v \tag{6.77}$$

Diese Spannung verursacht einen Stromfluss i. Aufgrund des ohmschen Widerstandes R und der Induktivität der Leiterschleife steigt der Strom verzögert an (Zeitkonstante T)

und kann durch eine Differenzialgleichung erster Ordnung beschrieben werden.

$$T \cdot \frac{di}{dt} + i = \frac{1}{R} \cdot u_{ind} \tag{6.78}$$

Der Stromfluss führt dazu, dass eine Bremskraft entsteht, die proportional zu diesem ist.

$$F = B \cdot a \cdot i \tag{6.79}$$

Zum Zeitpunkt t_2 verlässt der vordere Teil der Schleife das Magnetfeld und der hintere Teil taucht in das Magnetfeld ein. Da der Strom aufgrund der Induktivität aber immer noch in die gleiche Richtung fließt (Zeitpunkt t_3), entsteht eine antreibende Kraft (negative Bremskraft in Abb. 6.47). Gleichzeitig wird eine Spannung induziert, die den Strom schließlich wieder in die andere Richtung fließen lässt, wodurch eine Bremskraft entsteht. Zum Zeitpunkt t_4 verlässt die Schleife das Magnetfeld, und die Kraft ist sofort null, obwohl der Strom noch weiter fließt.

Die mittlere Kraft, die auf die Scheibe wirkt, erhält man durch Integration.

$$\bar{F} = \frac{1}{t_4} \int_0^{t_4} F(t)dt \tag{6.80}$$

Das auf die Kupferscheibe wirkende Bremsmoment ist.

$$M_B = \bar{F} \cdot r_F \tag{6.81}$$

Führt man diese Berechnungen für mehrere Drehzahlen durch, so erhält man die Drehmoment-Drehzahl-Kennlinie der Wirbelstrombremse.

In Gleichung (6.78) wird der ohmsche Widerstand der Leiterschleife benötigt. Dieser kann aus dem Verhältnis der Länge der Strombahn $4 \cdot a$ zum zur Verfügung stehenden Querschnitt $d \cdot a$ abgeschätzt werden.

$$R \approx \rho_{Cu} \cdot \frac{4 \cdot a}{d \cdot a} = \frac{4 \cdot \rho_{Cu}}{d} \tag{6.82}$$

Damit ist der ohmsche Widerstand unabhängig von a.

6.6.2 Simulation

Abbildung 6.48 zeigt das Blockschaltbild für die Simulation der Kraft $F(t)$, die auf die Kupferscheibe wirkt.

Mit Hilfe der Blöcke *Step* und *Step1* werden zu den Zeitpunkten $t = 0$ und $t = t_2$ die Spannungen gem. Gleichung (6.77) erzeugt. Der Block *Transfer Fcn* ist die Übertragungsfunktion (PT1-Glied) der Gleichung (6.78) und liefert als Ausgangsgröße den Strom. Die Berechnung der Kraft erfolgt durch den Block *Gain3* gem. Gleichung (6.79) und wird im Scope $F(t)$ *in N* unter dem Variablennamen *Fvont* abgespeichert. Der

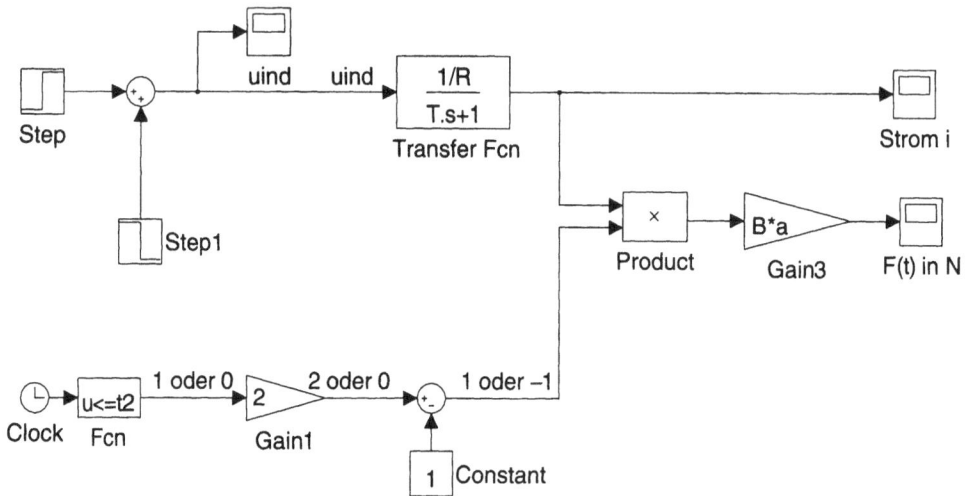

Abb. 6.48: *Blockschaltbild (eddy.mdl)*

untere Teil des *Product*-Blockes dient dazu das Vorzeichen der Kraft festzulegen (1: Bremskraft, −1: antreibende Kraft).

Das Simulink-Blockschaltbild *eddy.mdl* wird von dem MATLAB-Programm *wirbel.m* in einer *for*-Schleife für verschiedene Drehzahlen aufgerufen. Die Berechnung des Integrals nach Gleichung (6.80) geschieht ebenfalls in der *for*-Schleife mit Hilfe des MATLAB-Befehls *trapz*, der eine numerische Trapezintegration durchführt.

Programmcode *wirbel.m*

```
d=4e-3;                 %Dicke Scheibe [m]
a=20e-3;                %Länge,Breite Magnet [m]
                        %=Länge,Breite Leiterschleife
lLuft=8.5e-3;           %Länge Luftspalt [m]
rF=43e-3;               %Radius für Angriff Bremskraft [m]
rhoCu=0.0174e-6;        %spez. Widerstand Cu [Ohm*m]
my0=1.257e-6;           %magnetische Feldkonstante [Vs/(Am)]
N=500;                  %Anzahl der Windungen der Spule [-]
I=1.11;                 %Stromstärke E-Magnet [A]
B =I*N*my0/lLuft;       %Flussdichte [Vs/m\^{}2]
R=4*rhoCu/d;            %Widerstand Leiterschleife [Ohm]
T=2e-3;                 %Zeitkonstante Stromanstieg [s]

F=[];
nMax=100;               %Drehzahl Scheibe [1/s]
```

```
for n=1:nMax,
    v=rF*2*pi*n;           %Umfangsgeschwindigkeit [m/s]
    u=B*a*v;               %induzierte Spannung [V]
    t2=a/v;                %Zeit bis Draht 1 aus Magnetfeld
    t4=2*t2;               %Zeit bis Draht 2 aus Magnetfeld=Simulationsende
    sim('eddy')
    Fges=trapz(Fvont(:,1),Fvont(:,2))/t4;  %mittlere Kraft= Integral der
Kraft durch t4
    F=[F,Fges];
end

n=1:nMax;
plot(n*60,F*rF*1000,'linewidth',2)
xlabel('Drehzahl in 1/min','FontSize',16)
ylabel('Bremsmoment in mNm','FontSize',16)
set(gca,'fontSize',16)
```

Abbildung 6.49 zeigt das Ergebnis der Simulation. Für kleine Drehzahlen erhält man einen linearen Anstieg. Dieser Zusammenhang lässt sich unmittelbar aus den Gleichungen (6.77), (6.78) und (6.79) ablesen, wenn die Zeitkonstante T vernachlässigt wird, was für kleine Drehzahlen sicherlich zulässig ist. Die Kurve zeigt ein Maximum bei ca. $1200\,\mathrm{min}^{-1}$ und fällt danach ab. Bei höheren Drehzahlen wird das Bremsmoment wieder kleiner. Der Grund für dieses Verhalten liegt in der Induktivität. Die antreibende Kraft ab t_2 (s. Abb. 6.47) wird mit zunehmender Geschwindigkeit immer größer, mit der Folge, dass das Integral der Kraft (Gleichung (6.80)) kleiner wird. Anmerkung: Die Kennlinie ähnelt der gespiegelten Drehmoment-Drehzahl-Kennlinie eines Kurzschlussläufer-Asynchronmotors (s. Abb. 6.30). Auch dort spielt die Induktivität des Rotors eine entscheidende Rolle.

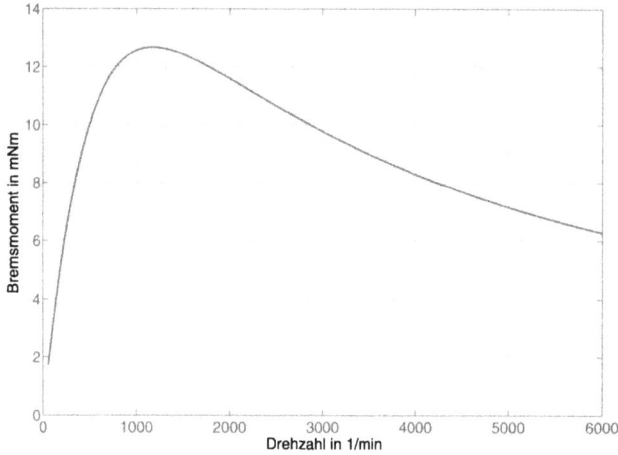

Abb. 6.49: *Bremsmoment als Funktion der Drehzahl*

6.6.3   Messung des Bremsmomentes

Die Messung des Motormomentes erfolgt durch Messung des drehmomentproportionalen Motorstromes. Im stationären Fall ist das Motormoment gleich der Summe aus dem Bremsmoment, das durch die Wirbelströme verursacht wird und dem Reibmoment (s. Abb. 6.50 obere Kurve), das durch die Lagerreibung verursacht wird. Daher muss ein zweiter Versuch ohne Bestromung der Magnetspule durchgeführt werden, um das Reibmoment (s. Abb. 6.50 untere Kurve) zu bestimmen.

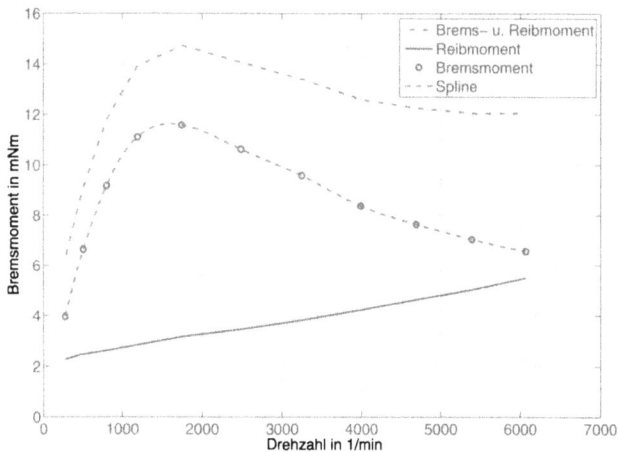

Abb. 6.50: *Ergebnis der Messung*

Die Differenz ist die Drehmomentkurve, die nur durch die Wirbelströme verursacht wird. Zur besseren Darstellung sind die Punkte über eine Spline-Interpolation (MATLAB-Befehl *spline*) miteinander verbunden.

6.6.4 Vergleich Messung und Simulation

Abbildung 6.51 zeigt die gemessene und simulierte Kurve in einem Diagramm, so dass ein direkter Vergleich möglich wird.

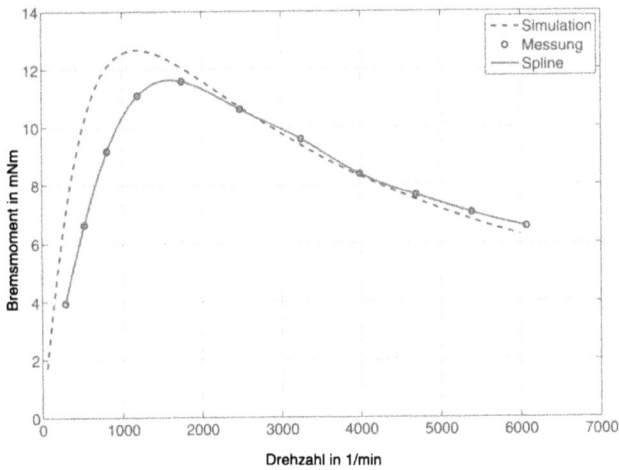

Abb. 6.51: *Vergleich der Messung mit der Simulation*

Jenseits des Maximums ist die Übereinstimmung sehr gut. Die Lage und Höhe des Drehmomentmaximums werden nicht richtig wiedergegeben. Aber mit dem sehr einfachen Modell und den gemachten Annahmen lässt sich immerhin der Kurvenverlauf qualitativ ganz gut erklären.

7   Regelungstechnische Experimente

7.1   Füllstandsregelung

7.1.1   Beschreibung des Versuchsaufbaus

Abb. 7.1 zeigt eine Tauchpumpe, die Wasser aus einem Reservoir in eine Plexiglasröhre pumpt.

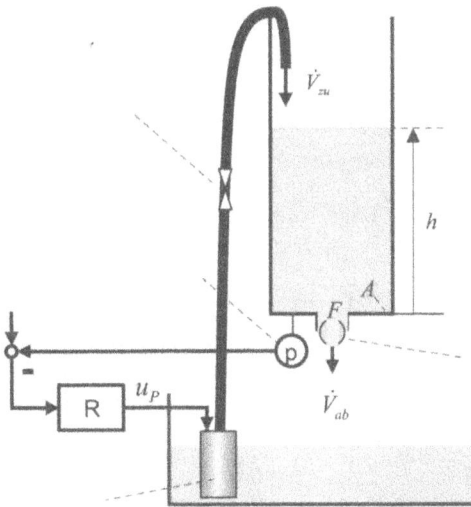

Abb. 7.1: *Plexiglasröhre mit Tauchpumpe*

Die Röhre hat die Querschnittsfläche A. Am Boden der Röhre befindet sich ein Kugelhahn, der in einer definierten Stellung die freie Querschnittsfläche F hat. Die Füllstandshöhe h wird mit Hilfe eines Drucksensors der Fa. Endress und Hauser gemessen. Der Sensor hat einen Messbereich von 0 bis 100 hPa und liefert ein Stromsignal (4 mA bis 20 mA), das mit einem 500 Ω Messwiderstand in ein Spannungssignal (2 Volt bis 10 Volt) umgewandelt wird. Ein Regler mit integriertem Leistungsverstärker steuert die Pumpe an. Ein Rückschlagventil im Schlauch verhindert, dass dieser leer läuft, wenn die Pumpe stehen bleibt. Die Aufgabe besteht darin, den Füllstand in der Röhre auf einen konstanten Wert zu regeln. Diese Regelungsaufgabe ist sehr gut experimentell lösbar.

D. h., es bedarf nicht unbedingt einer Modellbildung und Simulation für dieses System. Um das System besser zu verstehen, soll hier aber nicht darauf verzichtet werden.

Zahlenwerte:
$A = 0{,}0028$ m^2 Querschnittsfläche der Röhre
$F = 1{,}7637 \cdot 10^{-5}$ m^2 Öffnungsquerschnitt des Kugelhahns
$g = 9{,}81$ m/s^2 Erdbeschleunigung

7.1.2   Modellbildung

Die Volumenbilanz lautet: Zufließender Volumenstrom $\dot{V}_{zu}$(Pumpe) minus abfließender Volumenstrom $\dot{V}_{ab}$(Kugelhahn) führt zu einer Änderung des Wasservolumens in der Röhre.

$$\dot{V}_{zu} - \dot{V}_{ab} = \frac{dV}{dt} = A \cdot \dot{h} \tag{7.1}$$

Der von der Pumpe geförderte Volumenstrom $\dot{V}_{zu}$ ist vereinfachend angenommen proportional zur Pumpenspannung u_P und kann durch eine einfache Geradengleichung beschrieben werden.

$$\dot{V}_{zu} = k_P \cdot u_P + u_{off} \tag{7.2}$$

Dass diese Annahme berechtigt ist, zeigt Abb. 7.2. Ist die Pumpenspannung kleiner als ca. 5,5 V, bleibt die Pumpe aufgrund der Lagerreibung stehen. Der abfließende Volumenstrom $\dot{V}_{ab}$ kann mit Hilfe der Torricelli-Formel berechnet werden.

$$\dot{V}_{ab} = F \cdot \sqrt{2gh} = k_F \cdot \sqrt{h} \tag{7.3}$$

Setzt man (7.3) und (7.2) in (7.1) ein, so erhält man die nichtlineare Differenzialgleichung

$$k_P \cdot u_P + u_{off} - k_F \cdot \sqrt{h} = A \cdot \dot{h} \ . \tag{7.4}$$

Berechnung der stationären Höhe. Mit Hilfe der Differenzialgleichung (7.4) lässt sich sofort die stationäre Höhe h_0 bestimmen, die sich bei einer konstanten Pumpenspannung $u_{P,0}$ einstellt.

$$\dot{h} = 0 \Rightarrow k_P \cdot u_{P,0} + u_{off} = k_F \cdot \sqrt{h_0} \tag{7.5}$$

Gleichung (7.5) aufgelöst nach der stationären Höhe h_0 ergibt

$$h_0 = \left(\frac{k_P \cdot u_{P,0} + u_{off}}{k_F} \right)^2 \tag{7.6}$$

D. h., bei einer Verdopplung der Pumpenspannung vervierfacht sich die stationäre Füllstandshöhe.

Linearisierung der nichtlinearen Differenzialgleichung. Der nichtlineare Term in der Differenzialgleichung (7.4) ist

$$y = \sqrt{h} \tag{7.7}$$

Die Linearisierung um den Betriebspunkt h_0 ergibt

$$
\begin{aligned}
y_{lin} &= y_0 + \Delta y \\
&= \sqrt{h_0} + \frac{dy}{dh}\bigg|_0 \cdot \Delta h \\
&= \sqrt{h_0} + \frac{1}{2\sqrt{h_0}} \cdot \Delta h
\end{aligned}
\tag{7.8}
$$

Setzt man den linearisierten Term (7.8) unter Verwendung von

$$
\begin{aligned}
u_P &= u_{P,0} + \Delta u_p \\
h &= h_0 + \Delta h \\
\dot{h} &= \Delta \dot{h}
\end{aligned}
$$

und Gleichung (7.5) in die nichtlineare Differenzialgleichung (7.4) ein, so erhält man die um den Betriebspunkt linearisierte Differenzialgleichung

$$\frac{2 \cdot \sqrt{h_0} \cdot A}{k_F} \cdot \Delta \dot{h} + \Delta h = \frac{2 \cdot k_P \cdot \sqrt{h_0}}{k_F} \cdot \Delta u_P \tag{7.9}$$

Bei der Differenzialgleichung (7.9) handelt es sich um ein Verzögerungsglied 1. Ordnung (PT1-Glied) mit der Zeitkonstanten

$$T = \frac{2 \cdot \sqrt{h_0} \cdot A}{k_F} \tag{7.10}$$

7.1.3 Bestimmung der Systemparameter

Pumpenkennlinie. Die Austrittsöffnung des Schlauchs befindet sich immer in der gleichen Höhe, der Wasserspiegel im Vorratsbehälter kann ebenfalls als konstant angenommen werden. Daher ist es möglich, den von der Pumpe gelieferten Volumenstrom als Funktion der Pumpenspannung darzustellen. Zur Bestimmung der Kennlinie kann man zwei Markierungen (Abstand z. B. 20 cm) an der Röhre anbringen. Mit Hilfe einer Stoppuhr lässt sich dann der Volumenstrom unmittelbar berechnen. Die so durchgeführte Messung zeigt Abb. 7.2.

Öffnungsquerschnitt des Kugelhahns. Der Kugelhahn befindet sich in einer festen Stellung. Der freie Querschnitt F ist jedoch unbekannt. Ein Datenblatt des Herstellers liegt nicht vor. Zur Bestimmung des Öffnungsquerschnitts des Kugelhahns kann man nun wie folgt vorgehen. Man füllt die Röhre auf einen bestimmten Füllstand h_0 und

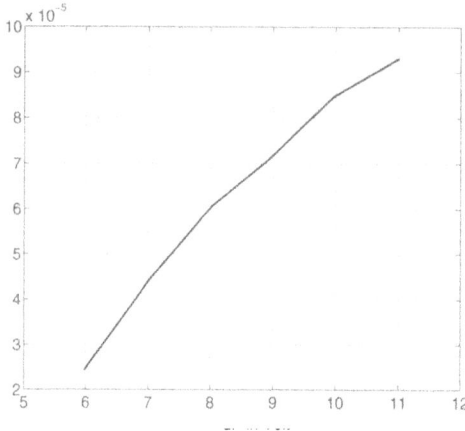

Abb. 7.2: *Pumpenkennlinie*

lässt die Röhre leer laufen. Die Füllstandshöhe $h(t)$ zeichnet man mit einem Speicheroszilloskop auf. Anschließend löst man die nichtlineare Differenzialgleichung und passt die Lösung durch Variation der Querschnittsfläche F an die gemessene Füllstandshöhe an.

Die den Auslaufvorgang beschreibende Differenzialgleichung ist

$$-F \cdot \sqrt{2g} \cdot \sqrt{h} = A \cdot \dot{h} \tag{7.11}$$

mit der Anfangsbedingung $h(t=0) = h_0$. Die Differenzialgleichung (7.11) lässt sich leicht separieren.

$$-\frac{F \cdot \sqrt{2g}}{A} \cdot dt = h^{-\frac{1}{2}} \cdot dh \tag{7.12}$$

Die Integration in den Grenzen von 0 bis t und von h_0 bis h liefert

$$\int_0^t -\frac{F \cdot \sqrt{2g}}{A} \, dt = \int_{h_0}^h h^{-\frac{1}{2}} \, dh$$

$$-\frac{F \cdot \sqrt{2g}}{A} \cdot t = [2 \cdot h^{1/2}]_{h_0}^h$$

$$-\frac{F \cdot \sqrt{2g}}{2A} \cdot t + \sqrt{h_0} = \sqrt{h} \tag{7.13}$$

Gleichung (7.13) nach h aufgelöst ergibt

$$h(t) = \frac{F^2 \cdot g}{2A^2} \cdot t^2 - \frac{F \cdot \sqrt{2gh_0}}{A} \cdot t + h_0 \tag{7.14}$$

Die analytische Lösung (7.14) kann natürlich auch mit der Symbolic-Math-Toolbox gefunden werden. Der MATLAB-Befehl (Symbolic Math Toolbox Version 2.1.3) lautet

```
>> hsim=dsolve('A*Dhsim=-F*sqrt(2*g*hsim)','hsim(0)=h0')
```

und liefert als Ergebnis

```
hsim =

[ 1/2*F^2*g*(t^2+2*t/g*2^(1/2)*(g*h0)^(1/2)*A/F+2/g*h0*A^2/F^2)/A^2]
[ 1/2*F^2*g*(t^2-2*t/g*2^(1/2)*(g*h0)^(1/2)*A/F+2/g*h0*A^2/F^2)/A^2]
```

wovon nur die zweite Lösung physikalisch sinnvoll ist. Abb. 7.3 zeigt den Vergleich der Messung mit der Simulation.

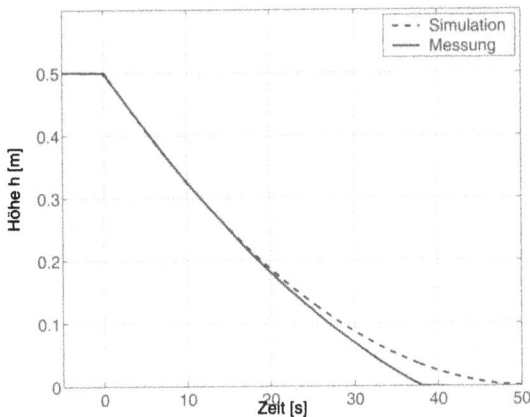

Abb. 7.3: Auslaufversuch, Messung und Simulation

Bis zur Füllstandshöhe von ca. 15 cm stimmen beide Kurven sehr gut überein. Bei kleineren Höhen stellt sich eine Abweichung ein. In Wirklichkeit leert sich die Röhre schneller als die berechnete Lösung mit Hilfe der Torricelli-Formel. Der Grund dafür ist zum einen darin zu sehen, dass die Wasseroberfläche nicht ruht. Zum anderen ist die Strahleinschnürung bei hohen Strömungsgeschwindigkeiten größer als bei kleinen. Daher ist bei geringen Füllstandshöhen der effektive Querschnitt größer und die Röhre kann schneller leerlaufen.

7.1.4 Offenes System

Blockschaltbild. Abb. 7.4 zeigt das Blockschaltbild.

Die Pumpenspannung wird in einem PT1-Glied (Verzögerungglied erster Ordnung) verzögert, womit der Anlauf der Pumpe erfasst wird. Da der Sprung nicht bei null beginnt, enthält der Block *Transfer Fcn (with initial outputs)* die entsprechenden Anfangsbedingungen. Die Pumpenkennlinie ist in der Look-Up-Table *PumpenKL* hinterlegt. Der Integrierer enthält ebenfalls eine Anfangsbedingung.

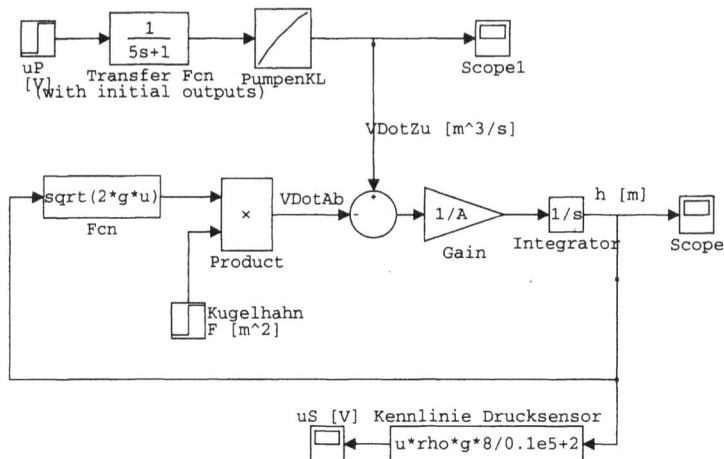

Abb. 7.4: Blockschaltbild (Sprungantwort.mdl)

Simulation und Messung der Sprungantwort. Abb. 7.5 zeigt die gemessene und die simulierte Sprungantwort des Systems bei einer Spannungsänderung von 7,5 Volt auf 8 Volt. Das dynamische Verhalten kann sehr gut durch ein einziges PT1-Glied mit einer Zeitkonstanten von ca. $T = 55\,\mathrm{s}$ beschrieben werden. Die Berechnung der Zeitkonstanten mit Gleichung (7.10) liefert ebenfalls diesen Wert.

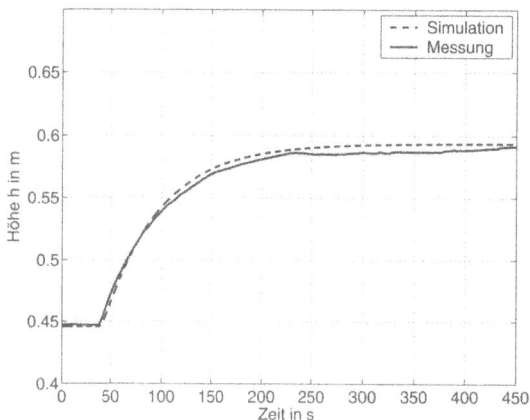

Abb. 7.5: Sprungantwort

7.1.5   Geschlossener Regelkreis

Experimenteller Reglerentwurf. Für die Regelung wird ein Kompaktregler der Firma Jumo eingesetzt. Der Eingang und der Ausgang sind auf 0 Volt bis 10 Volt parametriert. Der Sollwert wird ebenfalls in Volt vorgegeben. Hat man beispielsweise einen Soll-wert von 6 Volt und einen Istwert von 5 Volt, so liefert ein P-Regler mit der Verstärkung 40 am Ausgang 40 % von 10 Volt, also eine Stellgröße (Pumpenspannung) von 4 Volt. Der PID-Regler wird experimentell eingestellt, nach dem gleichen Verfahren wie in Abschnitt 4.3.5 beschrieben. Der Regler wird zunächst als P-Regler betrieben. Man erhöht die Verstärkung so lange, bis ein mäßig gedämpfter Einschwingvorgang entsteht.

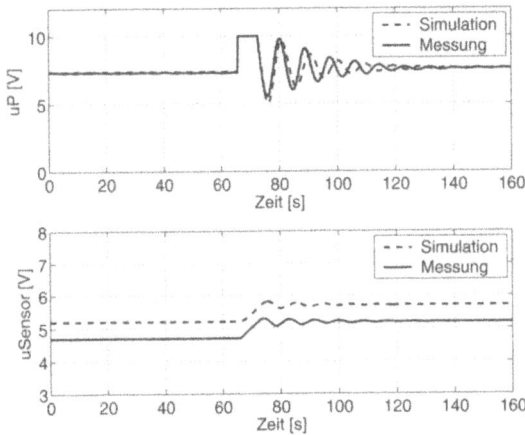

Abb. 7.6: *Sprungantwort mit P-Regler*

Abb. 7.6 zeigt die Simulation und die Messung. Der obere Plot zeigt die Pumpenspannung, der untere die Spannung des Drucksensors. Die stationäre Abweichung zwischen Simulation und Messung resultiert daraus, dass der von der Pumpe geförderte Volumenstrom bei gleicher Pumpenspannung nicht immer gleich ist. Aber der Regler erscheint robust genug, diese Verstärkungsschwankung im Griff zu haben. Aus dem Plot liest man eine Schwingungsdauer von $T_S = 8,8\,\text{s}$ ab. Die Vorhaltezeit T_V ergibt sich dann aus

$$T_V = \frac{T_S}{2 \cdot \pi} = 1,4\,\text{s} \tag{7.15}$$

Die Nachstellzeit ist zehnmal so groß wie die Vorhaltezeit.

$$T_N = 10 \cdot T_V = 14\,\text{s} \tag{7.16}$$

Die Reglerverstärkung wird beibehalten.

Blockschaltbild. Abb. 7.7 zeigt das gesamte Blockschaltbild. Das System Abb. 7.4 wird um das Subsystem *PID-Regler* erweitert. Zusätzlich wird mit Hilfe des Funktionsblocks *Fcn2* und des Multiplikationsblocks *Product1* berücksichtigt, dass die Pumpe unterhalb einer Spannung von 5,5 V stehen bleibt.

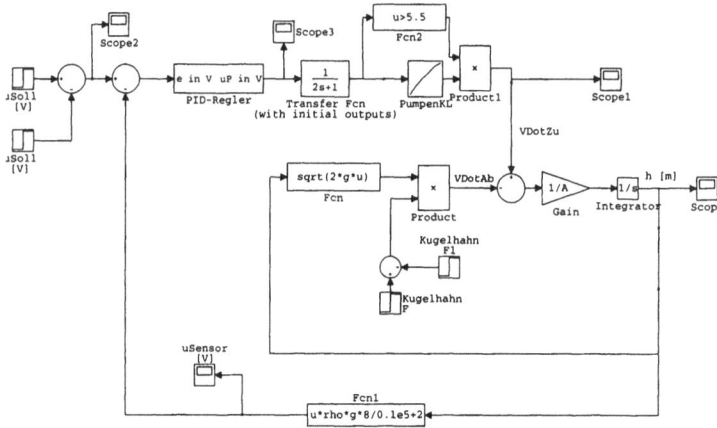

Abb. 7.7: *Blockschaltbild geregeltes System (NiveauPIDRegler.mdl)*

Abb. 7.8 zeigt den Aufbau des PID-Reglers, so wie er im Kompaktregler realisiert ist. Der Regler hat die Form

$$u_P(t) = \frac{1}{0,4} \cdot \left(e(t) + \frac{1}{14} \int_0^t e(t)\, dt + 1,4 \cdot \dot{e}(t) \right) \tag{7.17}$$

Die Differenz aus dem Sollwert in Volt und dem Drucksensorsignal u_S ist die Regelabweichung $e(t)$, die im Block *Transfer Fcn1* tiefpassgefiltert wird. Der Block *Gain3* dient dazu, die Stellgröße von 0 bis 100 % auf 0 bis 10 Volt abzubilden. Die Begrenzung auf diesen Stellbereich erfolgt im Block *Saturation*. Da der Jumo-Regler intern mit einem Mikroprozessor arbeitet, wird die Stellgröße nur im Takt von 210 ms ausgegeben. Dies wird durch das Abtast-Halteglied *Zero-Order Hold* berücksichtigt. Eine weitere Besonderheit ist die Anti-Wind-up-Maßnahme. Hierunter versteht man das Anhalten des Integrierers, sobald der Reglerausgang in die Begrenzung geht. Ohne diese Maßnahme würde der Integrierer unnötig weiter hochintegrieren, mit der Folge, dass die Regelgröße überschwingen muss, damit der Integrierer auf seinen stationären Endwert kommt.

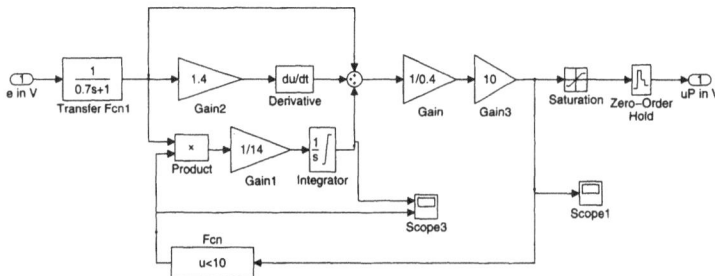

Abb. 7.8: *Blockschaltbild PID-Regler*

Führungs- und Störverhalten. Abb. 7.9 zeigt die Simulation und die Messung des Führungs- und Störverhaltens des Regelkreises.

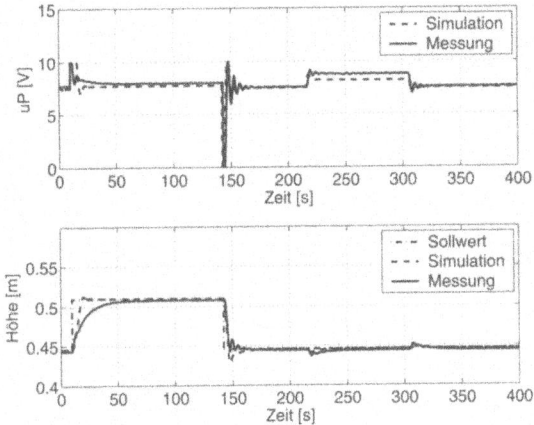

Abb. 7.9: *Führungs- und Störverhalten*

Bei $t = 10$ s wird der Sollwert sprungartig von 5,5 V ($= 44{,}6$ cm) auf 6 V ($= 51$ cm) erhöht. Bei $t = 142$ s erfolgt der Abwärtssprung auf den alten Wert. Man erkennt, dass der Regler in die Begrenzung geht. Simulation und Messung unterscheiden sich etwas in der Dynamik, was sicherlich an Modellungenauigkeiten wie der zeitvarianten Pumpenverstärkung liegt. Zur Überprüfung des Störverhaltens wird bei $t = 216$ s der Kugelhahn etwas geöffnet und bei $t = 306$ s wieder auf die alte Position gedreht.

7.2   Temperaturregelung

7.2.1   Beschreibung des Versuchsaufbaus

Abb. 7.10 zeigt den Aufbau einer Temperaturregelstrecke.

In einem kleinen Plastikgehäuse befindet sich der Temperatursensor LM 35, der die Lufttemperatur erfasst. Der Sensor liefert ein Spannungssignal von 10 mV pro °C, das mit Hilfe eines nichtinvertierenden Verstärkers (Verstärkungsfaktor 17) an den Spannungseingang des Reglers angepasst wird. Zwei in Serie geschaltete Fahrradbirnchen mit einer Gesamtleistung von 6 W sorgen für die Aufheizung der Luft in der Box. Beim Regelvorgang lässt sich sehr schön die Änderung der Stellgröße anhand der Helligkeit der Birnchen beobachten.

Zahlenwerte:

$K_S = 0{,}436$	Streckenverstärkung
$T_1 = 1{,}3$ s	erste Zeitkonstante
$T_2 = 288$ s	zweite Zeitkonstante

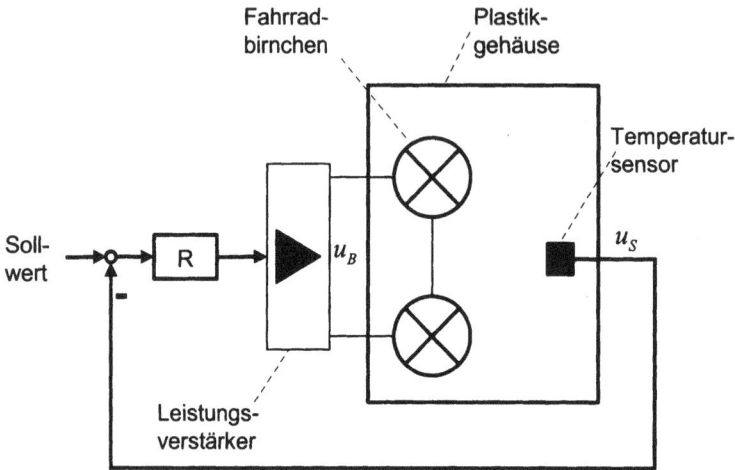

Abb. 7.10: *Temperaturregelstrecke*

7.2.2 Messung der Sprungantwort

Abb. 7.11 zeigt die gemessene Sprungantwort der Temperaturregelstrecke.

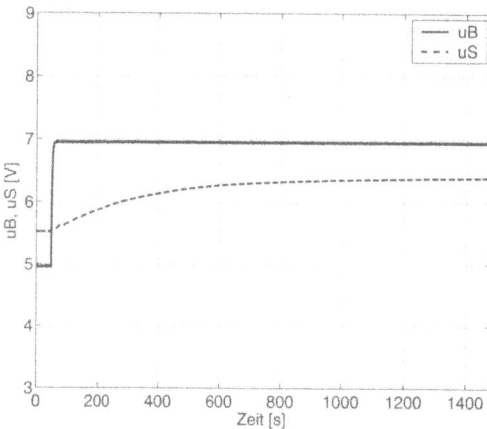

Abb. 7.11: *Sprungantwort*

Die Spannung u_B der Birnchen wird bei $t = 48$ s von 5 V auf 7 V erhöht. Die verstärkte Spannung des Temperatursensors ändert sich von 5,5 V ($= 32\,°C$) auf 6,4 V ($= 37,6\,°C$). Anmerkung zur Messung: Um eine möglichst „schöne" Sprungantwort zu erhalten, ist es sinnvoll die Messung in einem klimatisierten Raum durchzuführen. Des Weiteren sollte man Zugluft vermeiden. Ansonsten finden sich diese kleinen Störungen in der Sprungantwort wieder.

Das dynamische Verhalten des Systems kann durch zwei Verzögerungen erster Ordnung beschrieben werden. Wie man die Zeitkonstanten und die Streckenverstärkung bestimmen kann, beschreibt der nächste Abschnitt.

7.2.3 Systemidentifikation

Die Bestimmung der Zeitkonstanten T_1, T_2 und der Streckenverstärkung K_S wird mit MATLAB-Unterstützung durchgeführt. Kernstück der Identifikation ist die MATLAB-Funktion *fminsearch*, die nach einem Simplexalgorithmus Funktionen minimiert. Man simuliert die Sprungantwort in Simulink mit vernünftigen Startwerten und bildet die Summe der Quadrate der Abweichungen zur gemessenen Sprungantwort. Diese Summe wird von der *fminsearch*-Funktion durch Variation der Parameter T_1, T_2 und K_S minimiert. Einen Überblick über die Programmstruktur gibt Abb. 7.12.

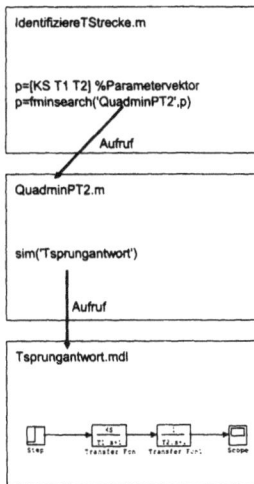

```
IdentifiziereTStrecke.m


p=[KS T1 T2]  %Parametervektor
p=fminsearch('QuadminPT2',p)


                    Aufruf
```

```
QuadminPT2.m


sim('Tsprungantwort')


            Aufruf
```

```
Tsprungantwort.mdl


Step   Transfer Fcn   Transfer Fcn1   Scope
```

Abb. 7.12: Programmstruktur

Das MATLAB-Programm IdentifiziereTStrecke.m liest zunächst die Messwerte aus einer Textdatei ein. Damit diese im MATLAB-Programm QuadminPT2.m bekannt sind, müssen diese und weitere Variablen global vereinbart werden. Dort wird das Simulink-Programm mit den beiden PT1-Gliedern aufgerufen und die Summe der Quadrate der Abweichungen berechnet. Hierzu ist es unbedingt erforderlich, dass die Vektoren gleiche Länge haben. Die Simulink-Simulation wird daher mit einer festen Schrittweite durchgeführt, die der Abtastrate der gemessenen Werte entspricht. Sollte dieser Wert für die Simulation zu groß sein, bietet MATLAB die Möglichkeit, die Messdaten mit dem Befehl *interp* zu resampeln.

Anhand des folgenden Programm-Codes sollte es möglich sein, die Identifikation auf eigene Beispiele anzupassen.

Programm-Code: IdentifiziereTStrecke.m

```
load TSprungantwort.txt
%Abtastrate 0,125 s
%Spalte 1: Sollwert hier uninterssant
%Spalte 2: uB [V] Birnchenspannung
%Spalte 3 uS [V] Sensorspannung nach Verstärker
%Sensor 10 mV/°C, Verstärkungsfaktor 17
%--------------------------------------------
global TS t tstop uS modell KS  T1 T2
%global, weil die Werte in QuadminPT2.m und im mdl-File bekannt sein müssen

TS=0.125; %Abtastrate
uB=TSprungantwort(700:12600,2);
uS=TSprungantwort(700:12600,3);
t=(0:length(uB)-1)*TS; %Zeitvektor

plot(t,uB,t,uS)
grid
xlabel('Zeit [s]')
ylabel('uB, uS [V]')

tstop=t(end); %Simulationsende
uS=uS-5.52; %nun offsetfrei
%Startwerte vorgeben
%--------------------
KS=0.5;
T1=20
T2=280;

p=[KS T1 T2] %Parametervektor
p=fminsearch('QuadminPT2',p)
```

Programm-Code: QuadminPT2.m

```
function summe=QuadminPT2(p)
global TS t tstop uS modell KS  T1 T2

KS=abs(p(1))     %Verstärkung
T1=abs(p(2))     %Zeitkonstante
T2=abs(p(3))     %Zeitkonstante

if T1<1     %diese Beschränkung einführen
    T1=1     %sonst ggf. Absturz vom mdl-File
end
if T2<1     %diese Beschränkung einführen
    T2=1     %sonst ggf. Absturz vom mdl-File
end
```

```
sim('Tsprungantwort')  %Simulation aufrufen

modell=uSsim(:,2);

plot(t,uS,'--',t,modell)
grid
xlabel('Zeit in s')
ylabel('Systemantwort')
title('System identifizieren')
pause %Warten auf Return-Taste
q= uS-modell; %Abweichungen berechnen
summe=sum(q.^2) %Summe der Quadrate der Abweichungen bilden
```

Abb. 7.13 zeigt das Ergebnis der Identifikation.

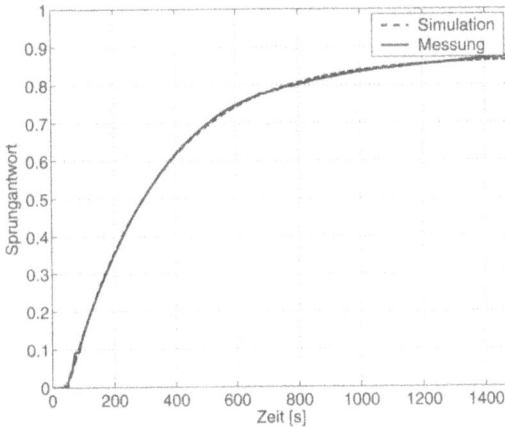

Abb. 7.13: Sprungantwort nach Identifikation

Messung und Simulation sind fast deckungsgleich.

7.2.4   Reglerentwurf

Da sich die Übertragungsfunktion $G_S(s)$ Temperaturregelstrecke sehr gut durch zwei PT1-Glieder beschreiben lässt,

$$G_S = \frac{K_S}{(T_1 \cdot s + 1) \cdot (T_2 \cdot s + 1)} \qquad (7.18)$$

liegt es nahe, die beiden Zeitkonstanten mit Hilfe eines PID-Reglers

$$G_R = K_R \cdot \frac{(T_{R1} \cdot s + 1) \cdot (T_{R2} \cdot s + 1)}{s} \qquad (7.19)$$

zu kompensieren, $T_{R1} = T_1$ und $T_{R2} = T_2$. Die Führungsübertragungsfunktion

$$G_W = \frac{G_R \cdot G_S}{1 + G_R \cdot G_S} = \frac{1}{\frac{1}{K_R \cdot K_S} \cdot s + 1} \tag{7.20}$$

liefert damit eine Verzögerung erster Ordnung für den geschlossenen Regelkreis, wobei die Zeitkonstante durch Wahl der Reglerverstärkung K_R beeinflusst werden kann. Leider hat dieser Entwurf einen Schönheitsfehler. Aufgrund der Stellgliedbegrenzung – die Reglerausgangsspannung ist auf 0 bis 10 V beschränkt – kann die Verstärkung nicht beliebig hoch gewählt werden.

Meistens wird der PID-Regler in der additiven Form

$$G_R = K_r \cdot \left(1 + \frac{1}{T_N \cdot s} + T_V \cdot s\right) \tag{7.21}$$

realisiert, T_N heißt Nachstellzeit und T_V Vorhaltezeit. Diese beiden Werte lassen sich aus den Reglerzeitkonstanten T_{R1} und T_{R2} mit Hilfe von Gleichung (7.19) bestimmen. Multipliziert man die Klammer aus und klammert $T_{R1} + T_{R2}$ vor, so erhält man

$$G_R = K_R \cdot (T_{R1} + T_{R2}) \cdot \left(1 + \frac{1}{(T_{R1} + T_{R2}) \cdot s} + \frac{T_{R1} \cdot T_{R2}}{T_{R1} + T_{R2}} \cdot s\right) \tag{7.22}$$

Ein Koeffizientenvergleich ergibt für die Nachstellzeit $T_N = T_{R1} + T_{R2} = 288\,\text{s}$ und für die Vorhaltezeit $T_V = \frac{T_{R1} \cdot T_{R2}}{T_{R1} + T_{R2}} = 1,3\,\text{s}$. Man beachte, dass K_R und K_r verschieden sind!

Der Kompaktregler der Firma Jumo besitzt eine Autotuning-Funktion. An einem Betriebspunkt wird diese Funktion eingeschaltet und man ermittelt aus einem Schwingversuch die Reglerparameter. Das Verfahren ist leider nicht im Handbuch beschrieben, aber der Autor vermutet, dass es sich um die Methode von Åstrøm und Hägglund handelt. Bei dieser Methode wird der Regler zunächst durch einen Zweipunktregler ersetzt. Aufgrund des Tiefpasscharakters der Strecke entsteht am Streckenausgang eine Sinusschwingung, aus der man die notwendigen Parameter für die Ermittlung der Reglerkoeffizienten nach Ziegler/Nichols ermitteln kann. Da die Selbstoptimierung straffere Reglerparameter ($K_r = 43,5$, $T_N = 9\,\text{s}$, $T_V = 2\,\text{s}$) liefert, wird der Versuch mit diesen ausgeführt. Insbesondere ist die Nachstellzeit bei der Selbstoptimierung um den Faktor 32 kleiner, was in Verbindung mit der Anti-Wind-up-Maßnahme ein besseres Regelverhalten ergibt.

7.2.5 Blockschaltbild

Abb. 7.14 zeigt das Simulink-Blockschaltbild mit den beiden Verzögerungen und dem TPID-Regler.

Da die PT1-Glieder immer bei null beginnen, müssen bei der Auswertung die Betriebspunkte hinzu addiert werden. Bei der Stellgröße sind das 4,6 V und bei der Regelgröße 5,5 V.

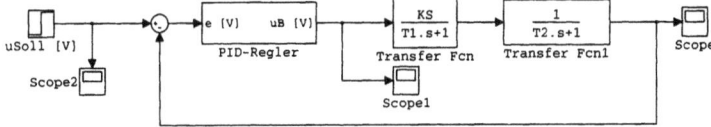

Abb. 7.14: *Blockschaltbild geregeltes System (TPIDRegler.mdl)*

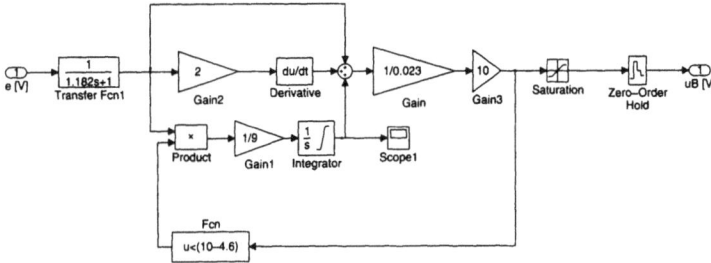

Abb. 7.15: *Blockschaltbild PID-Regler*

Abb. 7.15 zeigt den Aufbau des PID-Reglers, so wie er im Kompaktregler realisiert ist. Der Regler hat die Form

$$u_P(t) = \frac{1}{0,023} \cdot \left(e(t) + \frac{1}{9} \int_0^t e(t)\, dt + 2 \cdot \dot{e}(t) \right) \tag{7.23}$$

Die Differenz aus dem Sollwert in Volt und dem Temperatursensorsignal u_S ist die Regelabweichung $e(t)$, die im Block *Transfer Fcn1* tiefpassgefiltert wird. Der Block *Gain3* dient dazu, die Stellgröße von 0 bis 100 % auf 0 bis 10 Volt abzubilden. Die Begrenzung auf diesen Stellbereich erfolgt im Block *Saturation*. Da der Jumo-Regler intern mit einem Mikroprozessor arbeitet, wird die Stellgröße nur im Takt von 210 ms ausgegeben. Dies wird durch das Abtast-Halteglied *Zero-Order Hold* berücksichtigt. Eine weitere Besonderheit ist die Anti-Wind-up-Maßnahme (AWU). Hierunter versteht man das Anhalten des Integrierers, sobald der Reglerausgang in die Begrenzung geht. Ohne die Maßnahme würde der Integrierer unnötig weiter hochintegrieren, mit der Folge, dass die Regelgröße überschwingen muss, damit der Integrierer auf seinen stationären Endwert kommt. Abb. 7.16 zeigt sehr eindrucksvoll die Effektivität. Ein Sollwertsprung bei $t = 49\,\mathrm{s}$ von 0 auf 1 V führt ohne AWU bei einer begrenzten Stellgröße zu einem großen Überschwingen. Die Begrenzung wird zur besseren Verdeutlichung des Effektes auf 0 bis 5 V reduziert. Der mittlere Plot zeigt den Integralanteil, der viel zu hoch läuft. Im stationären Zustand gibt er $5,3 \cdot 10^{-3}$ aus. Der Integrator kann nur auf diesen Wert abwärtsintegrieren, wenn die Regelabweichung negativ ist, d. h. der Istwert größer als der Sollwert ist.

7.2.6   Führungs- und Störverhalten

Abb. 7.17 zeigt die Simulation und die Messung des Führungs- und Störverhaltens des Regelkreises. Simulation und Messung unterscheiden sich etwas in der Dynamik, was

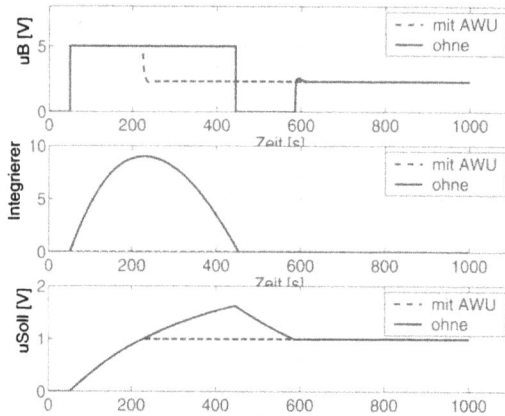

Abb. 7.16: *Wirkung der Anti-Wind-up-Maßnahme*

sicherlich an Modellungenauigkeiten liegt. Die Stellgröße ist aufgrund der „strammen" Reglerparameter etwas unruhig. Für ein mechanisches Stellglied wäre dies wegen des höheren Verschleißes nicht hinnehmbar.

Zur Überprüfung des Störverhaltens wird bei $t = 650\,\mathrm{s}$ ein Ventilator eingeschaltet und bei $t = 1010\,\mathrm{s}$ wieder ausgeschaltet. Die Störung wird nicht simuliert. Man erkennt sehr schön, wie der Regler die Spannung u_B der Glühbirnchen erhöht und den Sollwert hält. Gleichzeitig wird der Verlauf ruhiger. Der Grund ist darin zu sehen, dass die Streckenverstärkung wegen der höheren Wärmeverluste abnimmt. Damit reduziert sich die Gesamtverstärkung. Nach Ausschalten des Ventilators wird die Stellgröße wieder unruhig.

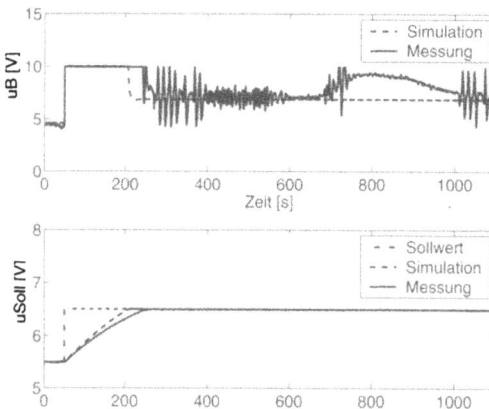

Abb. 7.17: *Führungs- und Störverhalten*

7.3   Positionsregelung

7.3.1   Beschreibung des Versuchsaufbaus

Abb. 7.18 zeigt den Aufbau einer Positionsregelstrecke.

Ein Gebläse, das von einem DC-Motor angetrieben wird, saugt Luft durch eine Plexiglasröhre. In der Röhre, die den Durchmesser d_R hat, befindet sich ein Tischtennisball mit dem Durchmesser d_B und der Masse m. Die Lage des Balles wird von einem Ultraschallsensor der Firma Baumer gemessen, der ein analoges Spannungssignal proportional zur Höhe x ausgibt. Dieses Spannungssignal wird mit dem Sollwert verglichen und einem PID-Regler zugeführt. Der Regler steuert über einen integrierten Leistungsverstärker den DC-Motor so an, dass der Tischtennisball auf der vorgegebenen Höhe stehen bleibt.

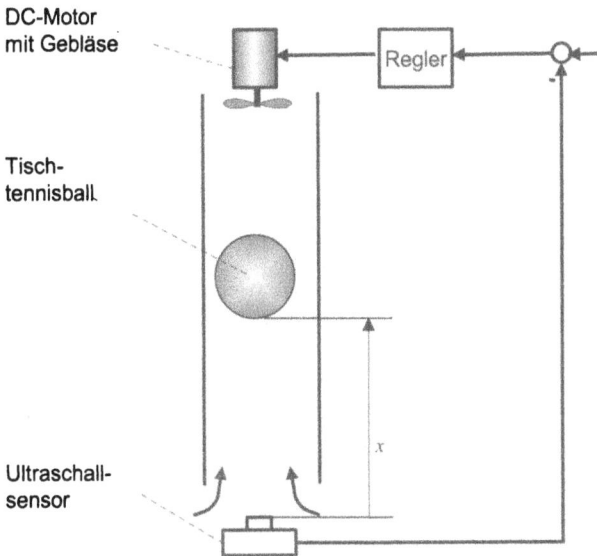

Abb. 7.18: *Aufbau Positionsregelstrecke*

Zahlenwerte:

m	$= 1{,}35 \cdot 10^{-3}$ kg	Ballmasse
g	$= 9{,}81$ m/s^2	Erdbeschleunigung
R	$= 21\ \Omega$	Ankerwiderstand des DC-Motors
k_g	$= 0{,}054$ Vs	Generatorkonstante des DC-Motors
J	$= 2{,}16 \cdot 10^{-5}$ kgm^2	Massenträgheitsmoment Anker mit Gebläse
M_R	$= 0{,}0038$ Nm	Gleitreibungsmoment
d_R	$= 42 \cdot 10^{-3}$ m	Röhrendurchmesser
d_B	$= 39 \cdot 10^{-3}$ m	Balldurchmesser
A_{Sp}	$= 1{,}9085 \cdot 10^{-5}$ m^2	Luftspaltfläche
K_L	$= 5{,}2671 \cdot 10^{-5}$ Ns^2/m^2	Proportionalitätsfaktor Luftwiderstand
K_V	$= 1{,}1377 \cdot 10^{-4}$ m^3	Proportionalitätsfaktor Gebläse

7.3.2   Modellbildung

Die Summe aus der nach oben wirkenden Luftwiderstandskraft F_L und der nach unten wirkenden Gewichtskraft $m \cdot g$ ist gleich dem Produkt aus Ballmasse mal Beschleunigung $m \cdot \ddot{x}$.

$$F_L - m \cdot g = m \cdot \ddot{x} \tag{7.24}$$

Die Luftwiderstandskraft F_L ist proportional zum Quadrat der Strömungsgeschwindigkeit v_{Sp}^2 im Luftspalt zwischen Tischtennisball und Plexiglasröhre.

$$F_L = K_L \cdot v_{Sp}^2 \tag{7.25}$$

Die Strömungsgeschwindigkeit im Luftspalt berechnet sich aus dem Luftvolumenstrom $\dot{V}$ und der Spaltfläche A_{Sp}, muss aber noch durch die Bewegung des Balles korrigiert werden.

$$F_L = K_L \cdot \left(\frac{\dot{V} - A_B \cdot \dot{x}}{A_{Sp}} \right)^2 \tag{7.26}$$

Sinkt der Ball nach unten, wird die Strömungsgeschwindigkeit im Luftspalt und damit der Luftwiderstand größer.

Der Luftvolumenstrom ist proportional zur Gebläsedrehzahl n.

$$\dot{V} = K_V \cdot n \tag{7.27}$$

Damit ergibt sich für die Luftwiderstandskraft

$$F_L = K_L \cdot \left(\frac{K_V \cdot n - A_B \cdot \dot{x}}{A_{Sp}} \right)^2 . \tag{7.28}$$

Der DC-Motor und die Bestimmung seiner Systemparamter werden ganz analog zu Abschnitt 6.1 durchgeführt.

7.3.3   Bestimmung der Parameter K_L und K_V

Der Volumenstrom ist leider nicht messbar. Daher soll folgende Überlegung zum Ziel führen. Versorgt man den Gebläsemotor mit ca. 10,5 V, so stellt sich eine Drehzahl von $n_1 = 26,6$ 1/s ein und der Ball schwebt ($\dot{x} = 0$) auf einer bestimmten Höhe (s. Abb. 7.19). Die Drehzahl kann einfach mit einem Stroboskop gemessen werden.

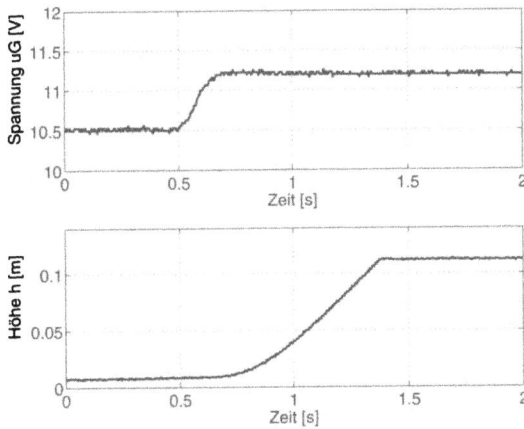

Abb. 7.19: *Messung*

Das bedeutet, dass die Beschleunigung $\ddot{x} = 0$ ist. Die Luftwiderstandskraft ist gleich der Gewichtskraft (Kräftegleichgewicht).

$$K_L \cdot \left(\frac{K_V \cdot n_1}{A_{Sp}}\right)^2 - m \cdot g = 0 \tag{7.29}$$

Erhöht man die Spannung am Gebläsemotor bei $t = 0{,}5$ s auf ca. 11,2 V, so stellt sich eine Drehzahl von $n_2 = 28{,}7$ 1/s ein und der Ball bewegt sich ab $t = 1{,}2$ s mit konstanter Geschwindigkeit nach oben. Konstante Geschwindigkeit bedeutet wieder $\ddot{x} = 0$ und damit Kräftegleichgewicht. Die Ballgeschwindigkeit $\dot{x} = 0{,}2$ m/s lässt sich einfach aus der Steigung ablesen.

$$K_L \cdot \left(\frac{K_V \cdot n_2 - A_B \cdot \dot{x}}{A_{Sp}}\right)^2 - m \cdot g = 0 \tag{7.30}$$

Mit den Gleichungen (7.29) und (7.30) hat man nun zwei Gleichungen mit zwei Unbekannten, die sich leicht lösen lassen. Mit MATLAB sieht das so aus:

```
m=1.35e-3;   %Masse Ball [kg]
g=9.81;      %Erdbeschleunigung [m/s^2]
dR=42e-3;    %Durchmesser Röhre [m]
dB=39e-3;    %Durchmesser Ball [m]
AR=(pi*dR^2)/4  %Querschnitt Röhre [m^2]
AB=(pi*dB^2)/4  %Querschnitt Ball [m^2]
ASp=AR-AB;   %Spaltfläche [m^2]

n1=26.6;     %Gebläsedrehzahl [1/s]
n2=28.7;     %Gebläsedrehzahl [1/s]
vB=0.2;      %Ballgeschwindigkeit [m/s]
syms kl kv
```

```
S=solve('kl*kv^2*n1^2/ASp^2=m*g','kl*(kv*n2-AB*vB)^2/ASp^2=m*g','kl,kv')
a=subs(S.kl);
b=subs(S.kv);
KL=a(2); %nur diese Lösung sinnvoll, da KV*n2>AB*vB sein muss!
KV=b(2);
```

7.3.4   Offenes System

Blockschaltbild. Abb. 7.20 zeigt das Blockschaltbild des offenen Systems.

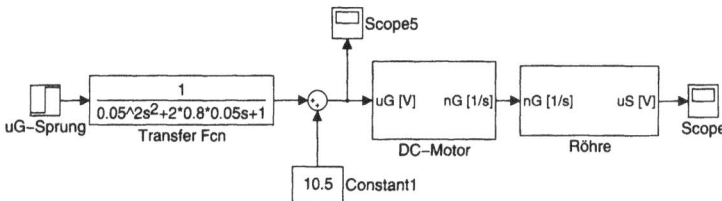

Abb. 7.20: Blockschaltbild (OffnesSystem.mdl)

Der Block *Transfer Fcn* stellt ein schwingungsfähiges PT2-Glied mit einer Zeitkonstanten von 0,05 s und einer dimensionslosen Dämpfung von 0,8 dar. Der Block formt aus einem Spannungssprung den Verlauf der Gebläsemotorspannung in Abb. 7.19.

Der DC-Motor in Abb. 7.21 ist ganz analog zum DC-Motor aus Abschnitt 6.1 aufgebaut. Der Block *Integrator2* ist auf die Drehzahl initialisiert, die zur Motorspannung von 10,5 V gehört.

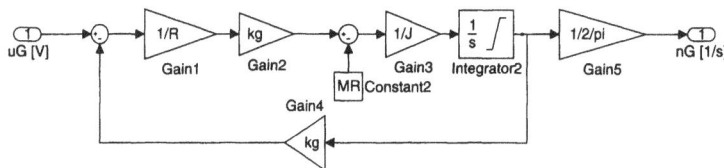

Abb. 7.21: Blockschaltbild Subsystem DC-Motor

Vergleich Messung und Simulation. Abb. 7.22 zeigt das Blockschaltbild des Kräftegleichgewichts. Zunächst wird die Luftwiderstandskraft gem. Gleichung (7.26) berechnet. Die Blöcke *Gain1* und *Zero-Order Hold* bilden den Sensor nach, der bei einer Höhenänderung von 0,1 m eine Spannungsänderung von 9 V liefert. Die Spannung gibt er im Takt von 10 ms aus.

Abb. 7.23 zeigt den Vergleich der Messung mit der Simulation.

Die beiden Plots stimmen sehr gut überein.

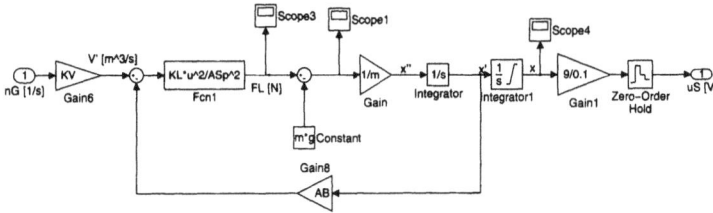

Abb. 7.22: *Blockschaltbild Subsystem Röhre*

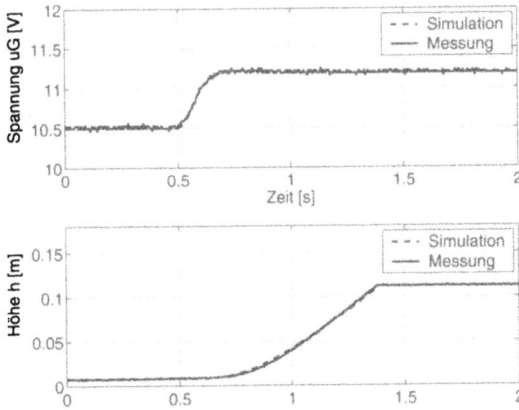

Abb. 7.23: *Messung und Simulation*

7.3.5 Geschlossener Regelkreis

Experimenteller Reglerentwurf. Der reale PID-Regler hat die Übertragungsfunktion

$$G_{PID}(s) = K_r \cdot \left(1 + \frac{1}{T_N \cdot s} + \frac{T_V \cdot s}{T_F \cdot s + 1} \right) \tag{7.31}$$

mit der Reglerverstärkung K_r, der Nachstellzeit T_N, der Vorhaltzeit T_V und der Filterzeitkonstante T_F. Der Regler wird analog mit Operationsverstärkern realisiert und die Bauteile (Widerstände R, Kondensatoren C) für die Beschaltung der Operationsverstärker werden wie folgt dimensioniert: $T_N = R_I \cdot C_I$, $T_V = R_D \cdot C_D$, $T_F = R_F \cdot C_D$.

Der PID-Regler wird experimentell eingestellt, nach dem gleichen Verfahren wie in Abschnitt 4.3.5 beschrieben. Der Regler wird zunächst als reiner P-Regler betrieben, d. h. $T_N = \infty$, $T_V = 0$. Man erhöht die Verstärkung K_r so lange, bis ein mäßig gedämpfter Einschwingvorgang entsteht.

Abb. 7.24 zeigt die Simulation. Aus dem Plot liest man eine Schwingungsdauer von $T_S = 1{,}2$ s ab. Die Vorhaltezeit ergibt sich dann aus

$$T_V = \frac{T_S}{2 \cdot \pi} = 191 \text{ ms} \tag{7.32}$$

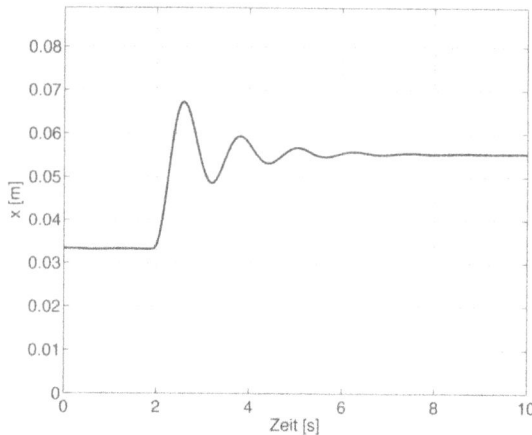

Abb. 7.24: *Sprungantwort mit P-Regler (Verstärkung $K_r = 0,27$)*

Die Nachstellzeit ist zehnmal so groß wie die Vorhaltezeit.

$$T_N = 10 \cdot T_V = 1,9 \text{ s} \tag{7.33}$$

Die Filterzeitkonstante wählt man erfahrungsgemäß $T_V/100$. Die Reglerverstärkung von $K_r = 0,27$ wird beibehalten. Damit ergeben sich folgende Bauteile: $R_D = 180 \text{ k}\Omega$, $C_D = 1\mu\text{F}$, $R_F = 1,8 \text{ k}\Omega$, $R_I = 1 \text{ M}\Omega$ (eigentlich 1,9 MΩ), $C_I = 1\mu\text{F}$.

Blockschaltbild. Abb. 7.25 zeigt das Blockschaltbild des Systems mit einem PID-Regler, die in einem Subsystem zusammengefasst sind (s. Abb. 7.26).

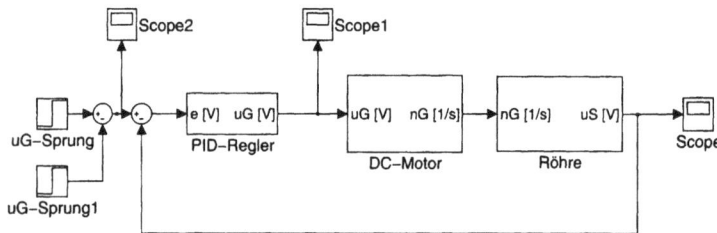

Abb. 7.25: *Blockschaltbild System mit PID-Regler*

Der Struktur des PID-Reglers ist entsprechend Gleichung (7.31) aufgebaut. Zwei Besonderheiten sind jedoch zu beachten. Zum einen ist der Reglerausgang durch die Operationsverstärker auf ± 14 V beschränkt (Block *Saturation*). Zum anderen wird am Reglerausgang eine Spannung von 10 V hinzu addiert. Der Grund ist darin zu sehen, dass der Integrierer ebenfalls auf ± 14 V beschränkt ist. Im stationären Zustand muss am Reglerausgang eine Spannung von 10,5 V anliegen. Das bedeutet, dass der Integrierer eine Spannung von 10,5 V/0,27 = 38,9 V ausgeben müsste, was aber aufgrund der Begrenzung nicht möglich ist.

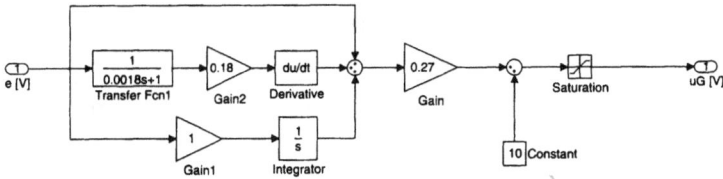

Abb. 7.26: *Blockschaltbild Subsystem PID-Regler*

Führungsverhalten des Regelkreises. Abb. 7.27 zeigt den Vergleich zwischen der Simulation und der Messung. Man erkennt, dass das reale System etwas dynamischer auf die Sprünge reagiert als die Simulation.

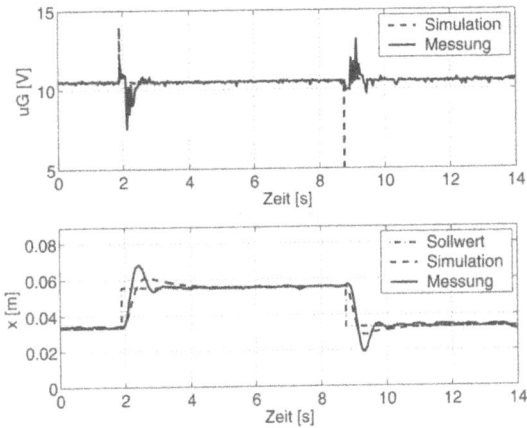

Abb. 7.27: *Sprungantwort mit PID-Regler*

7.4 Drehzahlregelung einer Wirbelstrombremse

Abbildung 7.28 zeigt den Aufbau einer Drehzahlregelung einer Wirbelstrombremse.

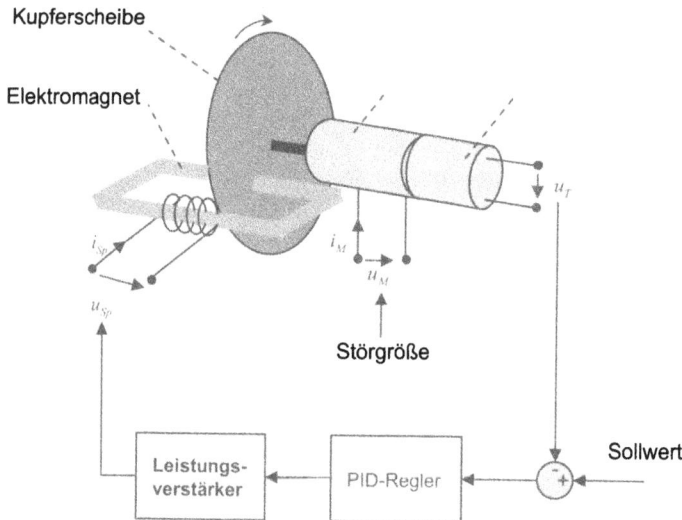

Abb. 7.28: *Drehzahlregelung einer Wirbelstrombremse*

Der Aufbau der Wirbelstrombremse wird in Kapitel 6.6 beschrieben. Die Drehzahl wird mit Hilfe eines Tachogenerators gemessen und mit dem Sollwert verglichen. Ein PID-Regler liefert eine Steuerspannung, die über einen Leistungstransistor in einen proportionalen Strom i_{Sp} umgesetzt wird. Obwohl ein Modell der Wirbelstrombremse für die Berechnung der Bremskraft vorliegt, soll der Reglerentwurf dennoch experimentell durchgeführt werden.

7.4.1 Messung der Sprungantwort

Abbildung 7.29 zeigt die Sprungantwort der Regelstrecke.

Der DC-Motor wird mit einer konstanten Spannung von $u_M = 7$ V betrieben. Die Spannung des Elektromagneten beträgt $u_{Sp} = 5$ V und wird bei $t = 30$ s sprungförmig auf 6 V erhöht und bei $t = 80$ s wieder auf 5 V reduziert. Anhand der Sprungantwort könnte man nun versuchen, die Strecke durch zwei oder drei Verzögerungen erster Ordnung zu modellieren, um dann die größten Zeitkonstanten zu kompensieren. Hier soll aber die Methode von Ziegler-Nichols verwendet werden.

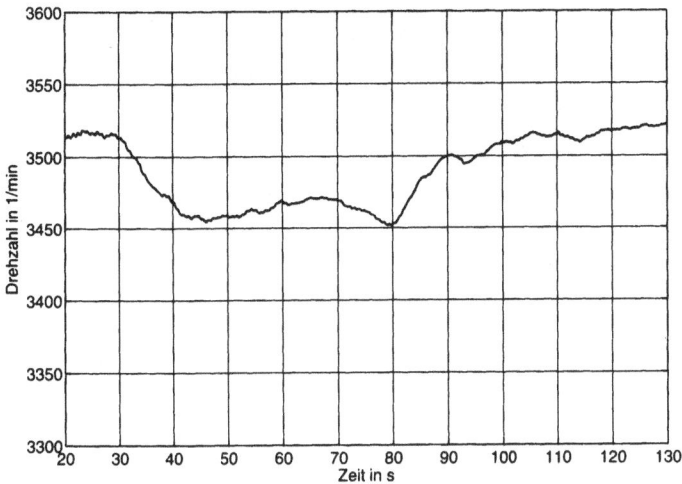

Abb. 7.29: *Sprungantwort des offenen Systems*

7.4.2 Dimensionierung des PID-Reglers nach Ziegler-Nichols (Schwingmethode)

Man betreibt den PID-Regler zunächst als reinen P-Regler ($T_V = 0$, $T_N = \infty$) und ermittelt die sogenannte kritische Verstärkung K_{krit}, bei der der geschlossene Regelkreis am Stabilitätsrand arbeitet, d. h. die Amplitude der Schwingung der Regelgröße muss konstant bleiben. Anschließend misst man die Periodendauer T_P der Schwingung und ermittelt die Reglerparameter aus einer Tabelle (s. Tabelle 7.1).

Tabelle 7.1: *Reglerparameter nach Ziegler-Nichols*

PID-Regler Ausgang: Steuergröße u Eingang: Regelabweichung e	$u(t) = K_{PID} \cdot \left(e + \frac{1}{T_N} \cdot \int\limits_0^t e\,dt + T_V \cdot e \right)$
Reglerverstärkung	$K_{PID} = 0{,}6 \cdot K_{krit}$
Nachstellzeit	$T_N = 0{,}5 \cdot T_P$
Vorhaltezeit	$T_V = 0{,}12 \cdot T_P$

Das Verfahren klingt sehr einfach, hat aber in der Praxis seine Tücken. So kann es äußerst langwierig sein, die kritische Verstärkung zu ermitteln. Des Weiteren darf der Regler hierbei keinesfalls in die Begrenzung kommen. Man erhält nämlich im Falle einer Reglerbegrenzung eine instabile Dauerschwingung, aber man hat keinesfalls die kritische Verstärkung ermittelt. Diese Schwierigkeit umgeht man durch Verwendung des Verfahrens von Åstrøm-Hägglund.

7.4.3   Autotuning nach Åstrøm-Hägglund [12]

Dieses Verfahren verwendet einen Zweipunktregler, der ein Rechtecksignal mit der Amplitude d ausgibt. Durch den Tiefpasscharakter der Strecke bleibt von diesem Rechteck am Streckenausgang ein Sinussignal mit der Amplitude a und der Periodendauer T_P übrig.

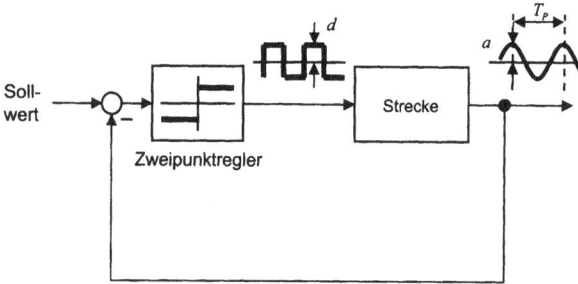

Abb. 7.30: *Autotuning-Verfahren nach Åstrøm-Hägglund*

Die kritische Verstärkung berechnet sich mit der Gleichung

$$K_{krit} \approx \frac{4 \cdot d}{\pi \cdot a} \tag{7.34}$$

7.4.4   Realisierung des Reglers

Für die Realisierung des PID-Reglers wird MATLAB/Simulink mit den Toolboxen Real-Time Workshop und Real-Time Windows Target benutzt. Die Schnittstelle zur analogen Welt bildet die Messdatenerfassungskarte PCI-6024E von National Instruments. Abbildung 7.31 zeigt das Blockschaltbild des Reglers.

Der Block *Analog Input* parametriert die Karte und liefert die Tachospannung in Volt. Der Tiefpass *Transfer Fcn2* dient der Glättung des rauen Tachosignals. Der nachfol-

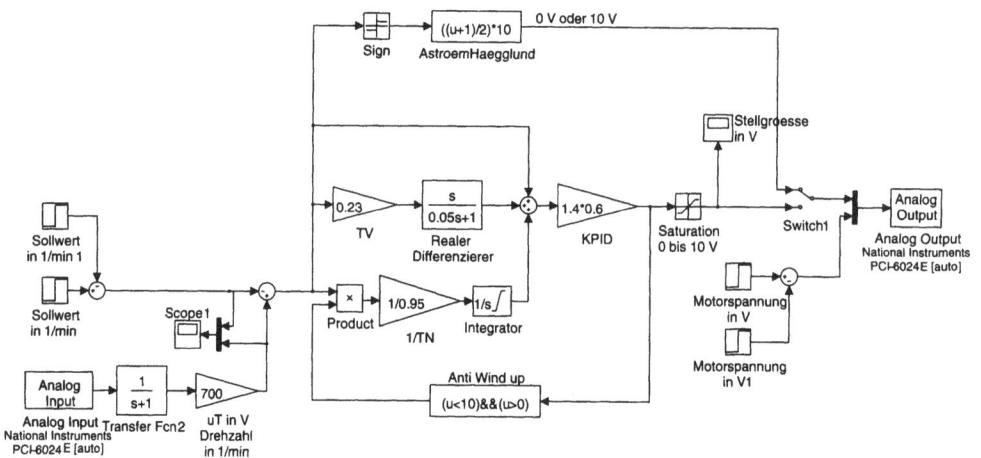

Abb. 7.31: *Blockschaltbild des PID-Reglers (WirbelstromPIDRegler.mdl)*

gende *Gain*-Block rechnet die Tachospannung in einen Drehzahlwert (Einheit 1/min) um. An der Vergleichsstelle wird die Regelabweichung über die Differenz Istwert minus Sollwert gebildet. Der Grund ist darin zu sehen, dass der Regler eine positive Spannung ausgeben soll, wenn die Drehzahl über dem Sollwert liegt. Der analoge Ausgang der Karte hat einen festen Spannungsbereich von ±10 V. Daher muss der Reglerausgang auf 0 V bis 10 V begrenzt werden (Block *Saturation 0 bis 10 V*). Diese Begrenzung wird bei Sollwertänderungen schnell erreicht, so dass der I-Anteil mit einer Anti-Wind-Up-Schaltung ausgerüstet ist (Block *Anti Wind up*). Die Schaltung bewirkt, dass der Integrierer angehalten wird, sobald der Reglerausgang in der Begrenzung ist. Mit dem Schalter *Switch1* kann auf den Zweipunktregler umgeschaltet werden, der 0 V oder 10 V ausgibt.

Der zweite analoge Ausgang ist die Motorspannung, die über einen Leistungsverstärker den DC-Motor steuert. Mit den beiden *Step*-Blöcken kann damit zu definierten Zeiten eine Störung produziert werden.

7.4.5 Messung mit Zweipunktregler und Ermittlung der Reglerparameter

Abbildung 7.32 zeigt den Verlauf der Motordrehzahl bei Verwendung eines Zweipunktreglers.

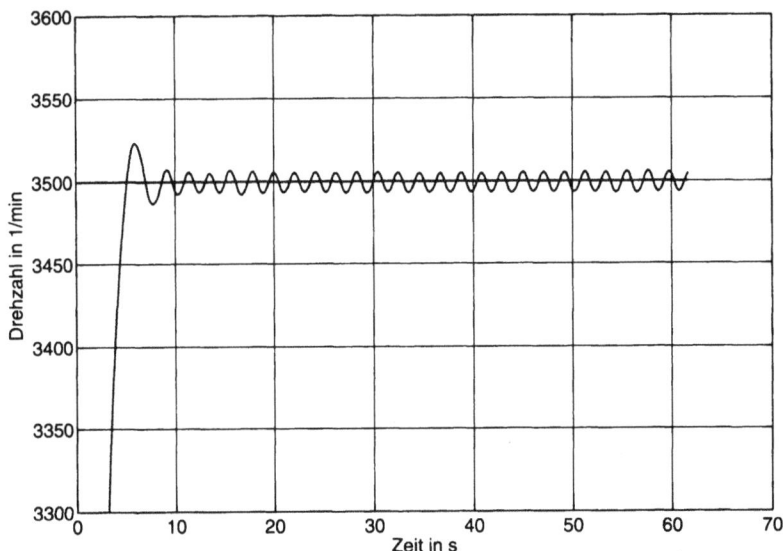

Abb. 7.32: Motordrehzahl mit Zweipunktregler

Ist die Drehzahl höher als der konstante Sollwert ($w = 3500$ 1/min), gibt der Regler 10 V aus, ist sie kleiner gibt der Regler 0 V aus. Es entsteht eine Dauerschwingung mit der Periodendauer von $T_P = 1,9$ s und einer Amplitude von $a = 4,5$ 1/min. Die Amplitude der Reglerrechteckschwingung ist $d = 5$ V. Die kritische Verstärkung ist gem. Gleichung (7.34) $K_{krit} = 1,4 \frac{V}{1/\text{min}}$.

Damit ergeben sich die folgenden Reglerparameter: $K_{PID} = 0{,}84 \frac{\text{V}}{\text{1/min}}$, $T_N = 0{,}95$ s, $T_V = 0{,}23$ s.

7.4.6 Messung des Führungs- und des Störverhaltens

Mit dieser Reglereinstellung werden das Führungsverhalten und das Störverhalten des Regelkreises untersucht. Abbildung 7.33 zeigt das Ergebnis der Messung.

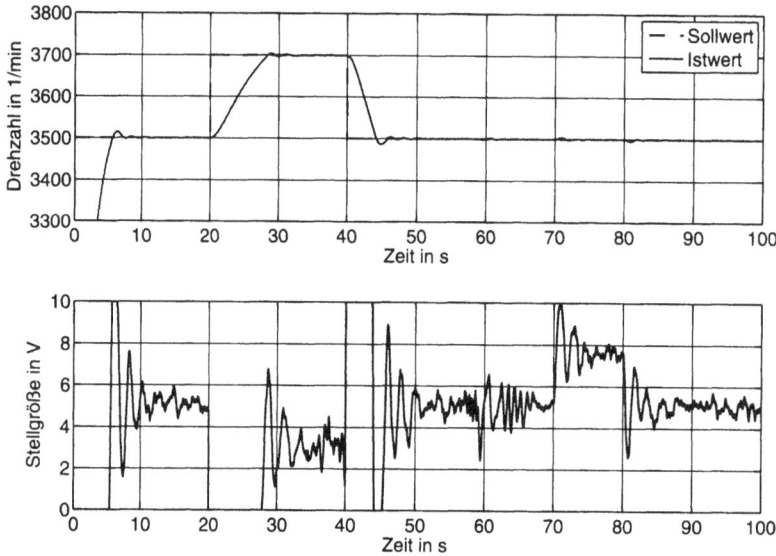

Abb. 7.33: *Motordrehzahl mit Zweipunktregler*

Bei $t = 20$ s wird der Drehzahlsollwert sprungförmig erhöht, bei $t = 40$ s erfolgt ein Abwärtssprung auf den alten Sollwert. In beiden Fällen geht der Regler in die Begrenzung, aber aufgrund der Anti-Wind-Up-Maßnahme kommt es zu keinem nennenswerten Überschwingen.

Bei $t = 70$ s wird die Motorspannung sprungförmig von 7 V auf 7,5 V erhöht. Der Regler reagiert sofort und erhöht die Stellgröße, so dass der Drehzahl-Istwert konstant bleibt. Bei $t = 80$ s wird die Motorspannung wieder auf den alten Wert von 7 V zurückgenommen.

7.4.7 Fazit

Die geschilderte experimentelle Methode liefert eine sehr gute Regelqualität und ist sehr schnell durchzuführen. Eine analytische Berechnung der Reglerparameter hätte dagegen wesentlich mehr Zeit beansprucht.

Literaturverzeichnis

[1] Angermann A. et al.: Matlab – Simulink – Stateflow, 4. Aufl., Oldenbourg, 2005

[2] Beitz W., Grote K.-H. (Hrsg.): DUBBEL – Taschenbuch für den Maschinenbau, Springer, 1997

[3] Beucher O.: Matlab und Simulink, Grundlegende Einführung, Addison-Wesley, 2002

[4] Bronstein I.N., Semendjajew K.A.: Taschenbuch der Mathematik, Thun, 2001

[5] Föllinger O.: Regelungstechnik, Hüthig-Verlag, 1994

[6] Grupp F., Grupp F.: Matlab 6 für Ingenieure, Oldenbourg, 2002

[7] Hardtke H.-J., Heimann B., Sollmann H.: Lehr- und Übungsbuch Technische Mechanik 2, Fachbuchverlag Leipzig, 1997

[8] Hoffmann J.: Matlab und Simulink – Beispielorientierte Einführung in die Simulation dynamischer Systeme, Addison-Wesley, 1998

[9] Isermann R.: Mechatronische Systeme, Springer, 2002

[10] Kiencke U., Nielsen L.: Automotive Control Systems: For Engine, Driveline and Vehicle, Springer, 2000

[11] Kessler R.: Skript Regelungstechnik 3, FH Karlsruhe, 2002

[12] Schulz, G.: Regelungstechnik 1 – Lineare und Nichtlineare Regelung, Rechnergestützter Reglerentwurf, 3. Aufl., Oldenbourg Wissenschaftsverlag, München 2007

[13] Tietze U., Schenk Ch.: Halbleiter-Schaltungstechnik, Springer, 2002

Index

www.ingramcontent.com/pod-product-compliance
Lightning Source LLC
Chambersburg PA
CBHW081105220326
41598CB00038B/7232